U0064574

相信閱讀

Believe in Reading

科學天地　16A
World of Science

Q&A
物理馬戲團 ②

讓你熱力驚人的熱學、聲學題庫

The Flying Circus
of Physics with Answers

by Jearl Walker

沃克 著　葉偉文 譯

作者簡介

沃克（Jearl Walker）

1945 年出生於美國俄亥俄州。麻省理工學院物理系畢業，馬里蘭大學物理博士。1973 年起，任教於克利夫蘭州立大學物理系，是該校第一位傑出科學教學獎的得主；該教學獎自 2005 年起，命名為「沃克傑出教學獎」，等於表彰他的終身成就。

沃克曾為《科學美國人》雜誌「業餘科學家」專欄撰稿十三年，頗受好評；也上過「Tonight Show」電視節目，表演「危險動作，不宜模仿」的物理實驗，例如躺釘床、吞飲液態氮、赤腳走火炭，而聲名大噪。

沃克最知名的著作就是《物理馬戲團》，已經譯成十種語文，風行世界三十多年，仍持續受到學生及大眾歡迎。1990年起，沃克從著名的教科書作者 David Halliday 與 Robert Resnick 手中，接下《物理學基礎》（*Fundamentals of Physics*）的編修工作，迄今已經完成五次改版，銷量超過百萬冊，是大二理工科學生的「黃金寶典」。

譯者簡介
葉偉文

　　1950 年出生於台北市。國立清華大學核子工程系畢業，原子科學研究所碩士。曾任台灣電力公司核能發電處放射實驗室主任、國家標準起草委員（核子工程類）及中華民國實驗室認證體系的評鑑技術委員（游離輻射領域）。現任台灣電力公司緊急計畫執行委員會執行祕書。

　　譯作有《小氣財神的物理夢遊記》、《愛麗絲漫遊量子奇境》、《物理早自習》、《物理A＋班》、《搞笑學物理》、《看漫畫，學物理》等四十多種書（皆為天下文化出版）。並曾翻譯大量專業作品，散見於《台電核能月刊》。

團長的話

沃克

　　這些問題都因趣味而來，而我也不想要你們以嚴肅的角度看待它們。這些問題，有的很容易，有的卻非常困難，所以很多人藉著研究這些難題來謀生，即使他們最初是以趣味爲目的。對於你們能答出多少問題，我並不是那麼感興趣，我所在意的，是你們真能被這些問題所「煩惱」。

　　在這裡我只是想指出，物理並不是那些必須在物理教室裡才能處理的問題。物理和物理問題每天都在發生，且與我們生活、工作、戀愛直至老死的真實世界息息相關。我希望這本書能喚起你對物理的興趣，找到你的世界裡的**物理馬戲團**。當你在做飯、搭飛機或只是懶洋洋地趵在小溪邊，卻開始思索物理問題時，我覺得這本書就值得了。總而言之，請各位以發掘趣味的心情來面對些問題。

關於解答

　　為《物理馬戲團》準備答案真有些危險，即使只是簡答也不例外。首先，我的參考文獻和物理知識可能會錯。尤其對那些目前仍在研究中的主題，特別可能發生，例如球狀閃電問題，這些問題的特性分別屬於幾個不同的物理領域，也在幾種期刊上熱烈討論著。我只能說，我的答案是依照手邊的資料，在有限的範圍內盡力而為。但請記住，這些簡答只是冰山的一角，在它下面還有大量的物理理論。切勿把它們當成最終的解答，要把它們看成是研究的起點，且每當有剛出爐的文獻或資料時，隨時更新你的答案。

　　第二種危險更嚴重，讓我在準備答案時非常踟躕。讀者在讀完答案後，也許很快就翻看答案，而失去考慮問題的刺激。除非你仔細品嚐每道題目的滋味，就算遇到挫折也一樣，否則你會錯過這本書真正的價值所在。要學習怎樣檢驗我們生存的世界，大部分得依靠本書的題目而非答案。因此，請儘量多花點時間思索每個題目，再翻看答案，或去查閱文獻尋找答案。

物理馬戲團 2

物理馬戲團 1

物理馬戲團 3

第 3 章

熱的幻想與刺激

3.1　盛妝空姐　　♀波以耳定律 ♀分壓 ♀大氣壓力與水壓

洛杉磯報導（美聯社）——穿著可膨脹式胸罩的妙齡空姐，在機艙減壓時會如何？

正如你所想像，會膨脹起來。

洛杉磯時報的專欄作家溫斯托克（Matt Weinstock）在星期五說，最近在一班飛往洛杉磯的飛機上，就發生這件幾乎「爆炸」的妙事。不過他很體諒地保留了航空公司和那位空中小姐的名字。

溫斯托克寫道，「當她的胸罩膨脹到快要把外衣撐破，嗯...大概有 46 英寸吧，那空姐簡直要抓狂了。慌亂中她想到一個解決的辦法，從一位女乘客頭上搶下一根小髮針，猛刺自己的胸部。」

「這時有位東方血統的外國乘客，卻誤會她一時想不開，奮不顧身的上前抓住她，不讓她用髮針刺自己的前胸，結果鬧成一團。」

「喧鬧當然很快平息，但竊笑聲一直迴盪在機艙間。」

溫斯托克說，這是真人真事。好在那件胸罩不保證永刺不破。你能用一個高度函數來計算一下這位空姐的胸圍嗎？

Answer

3.1

如果有空氣被封在胸罩裡，則空氣的體積會和飛機裡的壓力有關，而且成反比。高空飛機裡的壓力比在地面時低，因此胸罩會變大。如果機艙門突然打開，艙內的壓力會突然降低，整個胸罩甚至可能爆破。

📖 波以耳定律（Boyle's law）：當溫度不變時，氣體體積和壓力呈反比。波以耳（Robert Boyle, 1627-1691）是英國物理學家、化學家，除了波以耳定律，他還主張熱是分子的運動，並觀察到靜電現象。他亦是近代化學的拓荒者之一，反對中世紀的煉金術、主張物質的微粒學說、提出接近現代的化合元素概念、區分化合物和混合物等，被後人尊稱為「化學之父」。

3.2　在高處做蛋糕　♀波以耳定律♀分壓♀大氣壓力與水壓

為什麼在超過 3500 英尺以上的高處烤蛋糕時，所用的食譜和平地不同？在這種情況下，烤同樣體積的蛋糕，麵粉和水都要多放一點，烘焙的溫度也比較高。

3.3　瑞士農舍式晴雨計　　♀壓力♀溼度

我祖母最迷人的寶貝之一，就是那個外觀像瑞士農舍的晴雨計（氣壓計）。她說當氣壓降低時，有個農夫會跑出農舍外，警告暴風雨就要來了。若天氣很好，出來的則是個小婦人。這個農舍式晴雨計是怎麼操作的？它真的能度量大氣壓力嗎？我發現當我把它掛在浴室裡時，它比較常預測出壞天氣，為什麼預測壞天氣的頻率會增加？

Answer

3.2

因為高處的氣壓較低，在相同的爐溫下，蛋糕水分的蒸發比較厲害，因此食譜中要求的水會多些。也因為高處氣壓低的關係，蛋糕裡的氣體（想像一下那種軟綿綿的天使蛋糕）可能會使蛋糕發得更厲害，甚至當蛋糕的體積膨脹太大，可能導致變形坍塌。為了避免烤出失敗的蛋糕，就要多放些糖，減少內部氣體的產生。但我們不想要蛋糕的甜度改變，因此食譜裡要增加些麵粉，以得到相同的甜度。在高處的相同爐溫下，因為水的沸點較低（參見**3.62**），蛋糕表面的顏色會烤得不夠金黃，所以食譜中所要求的烤溫會增加。這些因素並不會減低蛋糕的柔軟度，多放麵粉會使蛋糕的張力增加，變得硬些，但因為膨脹得比較大，而且內部溫度較低（會阻礙蛋白質的凝聚），卻會使蛋糕的張力有相同程度的減少。

3.3

這個農舍晴雨計沒有辦法度量大氣壓力，只是對溼度的逐漸改變相當敏感，而濕度改變則伴隨著氣壓的改變。至於人物角色的轉換是由一段扭結的弦線來控制的，線的長度會隨溼度改變。

3.4 水井和風暴 　　　　　　　♀壓力 ♀溼度

我的祖母說,在風暴來臨時水井比較容易打水,但水的濁度
會增加,比較不合適飲用。而且她認為不管這場風暴有沒有
下雨,情形都一樣。另外這段期間,自流井(artesian well)
的出水力量也比較大,但仍和下雨與否無關。為什麼水井和
風暴有關?會不會有相反的情況發生,就是平常自流出水的
井在風暴中忽然不出水了?

3.5 用汽球吹汽球 　　　　　　♀彈性 ♀表面張力

現在來「吹」兩個材質相同的汽球,其中一個比另一個大
些,然後用一個短管子把兩汽球接在一起,小心別讓空氣漏
掉。接好之後,會怎樣?直覺上你可能以為大汽球會收縮而

把小汽球吹脹,但事實
卻相反:小汽球收縮,
把大汽球「吹」得更
大。怎麼會這樣?小孩
子玩的肥皂泡泡也有相
同的現象。

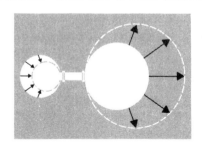

3.4

雖然一般井水的水面是由當地的降雨量及溶雪量來決定，但氣壓的改變也會使井水面有幾英寸的升降。當風暴來臨時氣壓會降低，井水的水面因此上升。而增加的水量流經地層，可能會帶入一些沈積物，讓水變得不適合飲用。

3.5

小汽球的曲率半徑（radius of curvature）比較小，因此每單位面積上切線方向的彈力會有比較大的向心分量，而向內的力量愈大，汽球的內部壓力就愈大。這也是爲什麼汽球在剛開始吹時要用很大的力，一旦吹大之後就變得更好吹些，因爲向心的彈力會逐漸減小。

3.6　香檳的再壓縮　　　　　　　♀波以耳定律 ♀分壓

當倫敦泰晤士河的河底隧道打通時，地方上的政治人物都在河底的隧道底慶祝。當時他們發現所開的香檳酒很平淡，根本沒什麼泡沫，但當他們回到地面後，發現香檳在他們的肚子裡發泡，在體內擴大，而且從耳朵裡跑出泡泡來。還有個高官趕快再回到隧道底下，讓香檳再度壓縮。那些達官貴人發生了什麼事？

3.6

隧道底部的大氣壓力比較大，因此二氧化碳大部分會溶解在
飲料之中。當這些貴賓回到地面時，氣體紛紛由酒裡冒出
來，他們受不了二氧化碳如此快速的釋放，所以再回到隧道
底下，讓氣體釋放的速率在可以忍受的範圍內，這就是爲什
麼在深處喝氣泡飲料，會讓人「橫衝直撞」。

3.7　緊急浮升 ♀波以耳定律 ♀分壓

假設你背著氧氣筒潛水在很深的海底，比方說 100 英尺，忽然發現氧氣快用完了，必須緊急浮升，而你最多只有一口氣浮出水面，不然就會死，這時你會怎麼做？（這不只是個物理習題，潛水人員經常訓練這種緊急脫逃。）當你浮升時，應該持續不斷地吐氣，或者閉住氣？聽起來似乎不合理，但你應該連續吐氣，否則就無法浮出水面。事實上，初出茅廬的潛水員雖然在游泳池中練習過這項技巧，但在緊急浮升時常因忘了吐氣而喪命。為什麼？

據說，拚命想再吸一口氣的迫切感，主要是由肺裡 CO_2 的分壓所引起的，而不是 CO_2 的量。依據這種情況的研究顯示，當你浮升時，最危險而關鍵的深度，並不在接近水面時，而是在上升途中的某一點。一旦你通過這個關鍵點，急著想吸一口氣的迫切感就會減輕，怎麼會這樣？關鍵深度是什麼？你應該以多快的速度游出水面，你能游很快嗎？若能，合理的速率是什麼？

3.8　吹氣洞 ♀波以耳定律 ♀分壓

你或許認為地洞裡的空氣都是停滯的。有些的確如此，但有些地洞的入口處卻一直有很強的風吹出來，洞穴探勘者稱這種洞穴為「吹氣洞」（blow-holes）。更奇怪的是有些洞穴會呼吸，空氣一會兒進去，過一陣子又吹出來，交替變換著。是什麼緣故使空氣進進出出呢？

Answer

3.7

若你在浮升的時候不繼續吐氣，則上升時外面的壓力逐漸減低，肺裡空氣體積的膨脹，很可能把你的肺脹破。若從氣瓶裡吸口氣，然後閉氣上升，只要 15 英尺就可能致命。

當你在浮升時，由於持續吐出 CO_2，肺裡 CO_2 的分壓並不會隨時間呈比例增加。 CO_2 最大分壓的深度由以下關係所決定：即最大深度（指氧氣用盡時的深度或潛水艇所在位置，以英尺表示），減去 33 再除以 2 就是答案。

3.8

空氣流動主要是由於大氣壓力的改變。如果洞穴裡有一個以上的通風口，則由於洞內和洞外溫度的不同，空氣會在通風口之間循環。

3.9　減壓計畫　　　♀波以耳定律 ♀分壓

在深海潛水的浮升過程裡，一直受到「潛水夫病」（bends）的嚴重威脅。這是我們在下潛時，因壓力增加而溶入身體組織或血液裡的氮氣，會因浮升時的減壓而在體內形成氣泡。這現象不但很痛苦，還會令人麻痺，有時甚至能致命。因此浮升的動作要很緩慢，使組織裡的氮氣慢慢釋放出來，不致形成氣泡。你在電影裡常看到這樣的情節：潛水夫在浮升的過程裡，會在不同的深度停留一段時間，再接著往上升。你認為停留最久的地點在哪裡？接近水面嗎？但潛水夫幾乎已到大氣壓力的範圍。靠近海底？還是在中間的某個深度？我本來已經把最初的想法捨棄，但下面的減壓圖表卻和我的想法相違背：靠近水面時停留最久。為什麼這樣呢？若在浮升時不想做任何逗留，你最深可以潛多深？

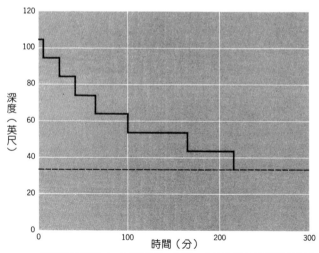

美國海軍為潛水 200 英尺深、工時 1 小時的潛水員所建議的浮升減壓計畫表。

3.9

身體組織對氣體的飽和或脫飽和（desaturate）過程的速率並不相同。

假設有個潛水員，一開始時即潛下海底，然後停留30分鐘，接著做計畫性的浮升。那些吸收氮氣很快的組織，在浮升的過程中會很快把氮氣釋放出來（脫飽和）。而那些吸收氮氣很慢的組織，在開始浮升的時候，組織裡的壓力並沒有多大改變，因此血液或組織裡的氮氣釋出慢得多。

因此開始浮升的速度要快些，可以讓快速脫飽和的組織釋放出氮氣，而浮升的最後一段很慢，是讓吸收速率很慢的組織也能完全脫飽和。

3.10　熱水自己關掉   ♀ 熱膨脹

當我開水龍頭放熱水時，水流量會慢慢減少，有時甚至會完全停掉。放冷水時就沒有這問題，熱水怎麼會這樣？為什麼只有初次放熱水時會有這種現象，而關起來後再開第二次熱水就不會這樣？

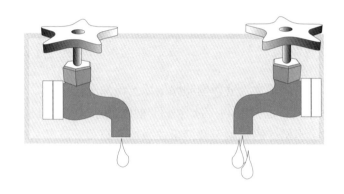

3.11　水管破裂   ♀ 熱膨脹

為什麼水管在冬天會破裂？如果只是因為管壁旁的水結冰的話，水管應該不會產生多大的應變（strain），也不該破裂。此外，破裂的位置通常離水結冰的地方很遠。因此，到底是什麼原因使水管破裂？有人讓屋外的水龍頭在整個冬天都不停地滴水，這樣做真的有用嗎？最後，一般人都認為熱水管遠比冷水管更容易破裂，是真的嗎？

Answer

3.10

當熱水使水龍頭受熱時，水龍頭裡的閥片會膨脹，減少水流量。

3.11

水管內的水會沿著管壁開始結冰，再漸漸往中心冰凍，最後會形成一個固體的「冰栓子」把整個水管塞住，而在此之前，水結冰的膨脹只會把水往後擠回源頭去而已。一旦形成冰栓之後，它和水龍頭之間的水若再冰凍膨脹，會對水管形成很大的壓力，除非水龍頭是開著，否則水管就會在最脆弱的地方破裂。

熱水管破裂的機會更大，因為剛開始的溫度較高，使水中形成結冰核（freezing nucleus，最先由液體分子凝結出來的固體小團塊）的能力變差，結冰點的溫度會降低。因此，熱水管裡的水處於過冷狀態，也就是比0℃還冷，直到它忽然開始凍結。因為迅速地結冰膨脹形成冰栓，冰栓和水龍頭間會圈住更多的水，若這時水龍頭是關著的，水管就更容易破裂。

3.12　體溫計

熱膨脹

當你量體溫時，口部的熱使體溫計裡的水銀上升。但是當你把體溫計拿出來時，水銀為什麼不會掉下來？或許你會說，體溫計管子下方有個往中心凹的設計，所以水銀掉不下來。但水銀在膨脹時不也通過了這個凹處嗎？為什麼收縮時就通不過？

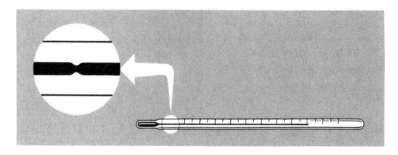

如果你把體溫計放入熱水中，為什麼溫度會先掉下一點才上升？（小心別使體溫計過熱，否則會破裂。）

3.13　手錶速率

熱膨脹

金屬受熱膨脹，而手錶的彈簧是金屬做的，你認為它在冬天和夏天走的速率會相同嗎？

3.12

體溫計下方的凹處部分很細窄，水銀只在有壓力的情況下才能通過，例如熱膨脹或離心力——就是拿在手上用力甩產生的離心力。冷卻的時候，水銀柱會在凹陷的部分斷開。因為水銀分子間的力不強，不能把上半段的水銀拉過凹處部分。若你把體溫計放入熱水，體溫計外面的玻璃會比水銀本身先膨脹。

3.13

若手錶的均衡輪（balance wheel）沒有對溫度改變做適當補償的話，在不同的溫度下，手錶的確會走得不一樣快。假設手錶受熱，金屬輪膨脹，它中心點的轉動慣量會變大，因此振盪減慢，手錶就慢下來。但若膨脹受到某種補償，它的振盪可以幾乎保持恆定。均衡輪的邊緣是兩塊或三塊金屬拼成的，每塊金屬有一端固定在輻條上，另一端可自由伸展，它本身還是兩種金屬的混合材料。溫度上升時，每塊金屬邊緣的非固定端，由於不同金屬的熱膨脹有異（外面的金屬片膨脹得多些），會向內彎曲。而這種內彎正好與輻條的膨脹伸長抵消。輪子的外觀雖因溫度上升而改變，但轉動慣量保持不變，因此振盪的速率也一樣。

3.14　加熱橡皮筋　　　　　🔎熱膨脹

把氣球吹脹，貼在臉上，你會覺得暖暖的，然後讓它縮小到原來的樣子，你會覺得它變冷。爲什麼？

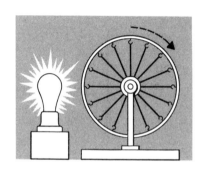

若你把橡皮筋加熱，它反而會收縮，爲什麼它的現象正好和金屬相反？它的結構有什麼不同？左圖是根據這個特性做出來的橡皮筋引擎。輪子的輻條是橡膠做的，因此加熱的時候會收縮。輪子會因整個系統重心的改變而轉動。

3.15　自行車打胎器變熱　　　🔎絕熱過程

當你用打胎器爲自行車灌氣時，爲什麼打胎器的出口閥會變熱？是因爲空氣和出口閥摩擦的關係嗎？如果是，當你用機車行的空氣壓縮機灌車胎時，出口閥並不會變熱呀！

Answer

3.14

橡膠分子是一種可伸縮的鏈結構，當橡膠受熱而得到熱運動
的刺激時，會對兩端有更大的拉力，橡膠的長度便會縮短。
當你拉橡膠時，也拉長它的分子結構，你對橡膠做了功，部
分的功會轉變成熱。這時若允許橡膠收縮，由彈力所做的部
分功會減少橡膠的內能，因此也降低它的溫度。

3.15

當你在使用打胎器時，壓縮空氣的過程基本上是絕熱的（就
是和外面的系統沒有熱交換），因此空氣的內能會增加，溫
度也會上升，熱空氣會使出口的氣閥變熱。機車行的空氣壓
縮機在開始壓縮空氣時也會發熱，但後來它已經冷卻到和室
溫相同，因此不會使出口閥變熱。

3.16　U 型管振盪　　　　　💡浮力　💡非線性振盪

若有個裝滿水的 U 型管，像
右圖那樣加熱和冷卻，水會
在兩側來、回振盪。（上面
要有個暴露於空氣中、表面
積夠大的貯水器，好容納振
盪的水。）水面的變化也許
只有幾公釐，而振盪週期由
20 秒到 4 小時都有，部分取
決於 U 型管的截面積大小。
這個例子裡，所有的情況都
是對稱的，水會振盪是不是
有點奇怪？是什麼引起振
盪？什麼參數決定它的週期？

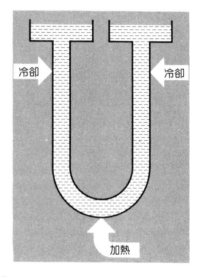

3.17　山谷西側草木茂盛　　　　💡凝結

為什麼在美國，多數山脈或丘陵的西側草木比東側長得茂
盛？有些時候情況還非常極端，東側光禿禿的，西側卻林木
盛美。

3.16

在理想的情況下，U型管起初是平衡的。但若有外部引起的些微擾動，平衡狀態便會被破壞，引起振盪。假設擾動使少量的水由左邊跑到右邊，左邊豎管裡的冷水就比右邊多些，而密度較大的冷水會由左邊推進右邊密度較小的熱水中。最後，兩邊由因溫度產生的浮力差會被兩邊的水位差平衡掉，水的流動將會停止。但管子上的加熱和冷卻會使管內的水溫回覆原先的平衡狀態，浮力因此減少，但這時右管中的水位比較高，水就由右管流向左管。整個過程會週期性地反覆進行。經由實驗，你會發現振盪週期和U型管大小的關係。你也會發現貯水池要夠大，至少超過某個臨界值，否則上面的說法就不能成立。

3.17

美國盛行西風。當潮濕的西風由太平洋吹進來時，被迫翻越高山（例如洛磯山脈），由於壓力的降低，產生空氣絕熱冷卻，無法再蘊含那麼多水氣。因此山的西側就承接了空氣釋出的大量水氣。相較之下，東側山坡的水氣就顯得非常稀少了。

3.18　欽諾克風令人發狂

絕熱過程

所謂欽諾克風（Chinook）是一種越過洛磯山脈、溫暖而乾燥的風，下吹進丹佛（Denver）等地。它的溫度最高可比周圍氣溫高 50 ℉，風速每小時可達 80 英里。神祕的是，這種溫暖的風怎麼會從寒冷的山上吹下來？暖空氣不是應該上升嗎？有種傳說是，熱溫來自於埋在山上的印地安人鬼魂。

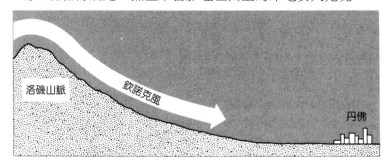

洛磯山脈　　欽諾克風　　丹佛

這種欽諾克風並非只出現於丹佛地區。在瑞士，稱這種風為焚風（foehn）；在斯里蘭卡的錫蘭（Ceylon）叫做卡強風（Kachchan）；南非人稱它為白格風（berg wind）；而南加州則命名為聖塔安娜風（Santa Ana），別的地方還有其他的名字，而它們的意義都與乾、暖有關。

這種風還有一項令人爭議的特性，有人認為它會使人和動物發狂。當吹這種風的時候，犯罪率會升高，搶劫、謀殺事件較頻繁，發生更多的交通事故，人通常較沒有理性。這可能是無稽之談嗎？或確有其事？乾燥而溫暖的風怎麼影響人的心理？對於非理性行為有任何物理原因嗎？

3.18

當風從山上吹下來的時候，進入大氣壓力較高的地方，風被絕熱壓縮而變熱（參見 **3.15**）。若下降得很快，只有很少部分的熱風來得及和當地的空氣交換，因此風的溫度會比當地的氣溫高。

而這種風也很乾燥，原因正如 **3.17** 中所提到的。乾燥、溫暖的風對人有什麼影響目前並不清楚，但這種風裡的正、負離子可能是人們不理性行為的源頭（參見第 Ⅲ 冊 **6.14**）。

3.19　可樂霧

🔎 絕熱過程

你有沒有注意到，剛開的冷香檳或蘇
打飲料，瓶口會有一團薄霧？是什麼
造成這種薄霧？

3.20　涼爽的敞篷車

🔎 絕熱過程

在很熱的天氣裡，若你有個有敞篷車的朋友，就走運了。開
敞篷車上路，永遠涼風習習，的確是對抗暑熱的好方法。你
覺得涼快，但不管有沒有風，溫度計的讀數應該都是一樣
的，不是嗎？試試看，把溫度計放在後座，車子停止或走動
時，看看讀數有沒有變。你可能發現車子在走動時，溫度會
降低 0.5℃，為什麼？

3.19

當瓶蓋打開時，瓶內的加壓氣體會迅速地絕熱膨脹，並因對抗大氣壓力而作功（參見 **3.15**）。這個作功的能量來自瓶內氣體的內能，因此會使溫度降低，它含有的一些水氣就凝結成霧狀。

3.20

依照一些參考文獻的說法，流經車頂的氣流使乘座區的氣壓降低，因此這裡的空氣會擴散而稍微涼快些。這個效應和流經機翼上方快速氣流的冷卻效應類似，有時會使機翼上出現顯見的霧。

3.21 死谷 ♀絕熱過程 ♀輻射吸收

死谷（Death Valley）是美洲大陸海拔最低之處，也是全世界最熱的地方。那兒有時候一連好幾天，氣溫都高達120℉，而有紀錄的最高溫是134℉。它的位置這麼低但溫度卻這麼高，有沒有什麼不對勁？由於熱空氣上升、冷空氣下降，而死谷的四周都是高山，山頂上都是冷空氣，死谷應該是比較涼爽的地方才對呀！

3.22 山頂的寒冷 ♀絕熱過程 ♀凝結 ♀潛熱 ♀輻射

為什麼山頂會冷？單位面積得到的太陽熱量，在山頂和海平面不是一樣嗎？而冷空氣不是應該下沉嗎？

3.23 蕈狀雲 ♀凝結 ♀浮力 ♀絕熱過程

為什麼原子彈或其他大型的地面爆炸，會產生蕈狀雲？

Answer

3.21

吹自太平洋的風把水氣都攔截在洛磯山脈的西側，而這座山正好介於死谷與太平洋之間（見 **3.17**），而風在山的東側快速下降造成絕熱加壓使溫度提高（見 **3.18**）。死谷的地形多為砂，缺乏植被，反射較厲害，地面的溫度自然高於植被豐富的平原地帶，慢慢的，死谷就變成寸草不生的沙漠地。

3.22

空氣沿山坡上升時，進入氣壓較低的地方，會擴散而冷卻。

3.23

原子火球非常快速地把空氣加熱，地面的空氣立刻挾帶著灰塵、雜質和水氣升上高空，它的尾部就形成了蕈柄。當熱空氣上升而擴散、冷卻時，最後的溫度會和周圍空氣的溫度一樣，因此會水平展開，就形成蕈傘。

3.24 雲聚在一起 　　　　🔎凝結 🔎浮力 🔎絕熱過程

是什麼讓雲朵聚在一起？在雲量少的日子裡，為什麼天空裡有的地方有雲，有的地方沒有？為什麼雲不是更均勻地散布整個天空？

3.25 雲裡的洞 　　　　🔎雲的生成 🔎穩定性 🔎浮力

在均勻分布的雲堆裡，偶爾會出現神秘的圓洞。這些圓洞並不是任意散布的，而且還非常大。它們的成因眾說紛紜，有的說是燃燒的隕石掉下來，有的說是有意或無意的雲種所播放出來的。到底這些洞的真正成因是什麼？

Answer

3.24

溫暖、潮濕的空氣流上升至氣壓較低的地方，會擴散冷卻。溫度的降低會讓蘊藏的一些水氣凝結成雲，並會釋放出潛熱，又使上升的空氣稍微加溫。因此雲不是一直待在那裡的，而會持續地生成。找個時間好好地看雲去，看它們的生成、變化與消散。

📖 潛熱（latent heat），在溫度與壓力固定的情況下，某種物質發生物態變化（例如熔化、昇華、汽化）的過程中，1單位質量所吸收或放出的熱量。

3.25

雲中的洞目前成因不明。有個說法是高積雲層中的結冰核因自然或人工的原因，積聚在一起，使附近的水氣迅速凝結，產生卷雲般的細絲，會進一步成為凝結的媒介，最後發展成像洞一樣寬闊。然後冰晶（ice crystal）由卷雲的中央掉落，就把附近的水氣都帶走了。

3.26 山頂的雲

雲的生成 凝結

若你在山區住過，一定會注意到山頂上常有一些不飄動的雲，下圖是其中兩種。什麼原因產生這種形狀的雲？

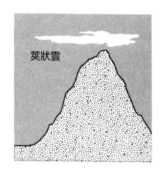

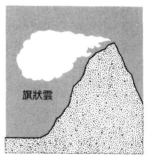

有時山頂會產生一連串波紋狀的雲就更有趣了。是什麼決定這種雲堆之間的間隔？

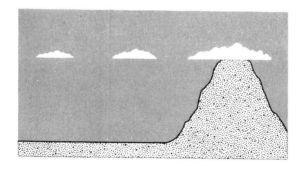

3.26

當空氣被迫沿著山向上爬升後，會因擴散而冷卻，所帶的水氣會凝結下來。若在山巔發生凝結現象，就會形成莢狀雲（lenticular cloud）。如果風很強，水氣會等翻過山才凝結，就會留下亂流的痕跡在背風面（旗狀雲，banner cloud）。在這兩個例子裡，雲好像固定不動，其實它是持續在生成、消散的。

翻過山的空氣可能在山的背風處上、下振盪，每次上升的地方水氣就凝結成雲。這些「背風波」（lee wave）的波長和風速有關，也和空氣密度隨高度的改變有關。若大氣穩定，空氣密度隨高度的改變很小，背風波的振盪會很慢，波長很長，雲和雲的間隔就大。若空氣密度隨高度的改變很大，空氣流動的振盪就很快速，波長以及雲的間隔就縮短。另外，假使風速較快，背風波的上升段與上升段之間的距離就會加大，雲也會散得較遠。

3.27　原子彈爆炸的球狀雲　　♀激震波 ♀凝結

在某些情況下，原子彈爆炸的火球外圍會有一層很薄的球狀雲。是什麼產生這種雲？它們擴散有多快？它們會減少爆炸產生的輻射嗎？

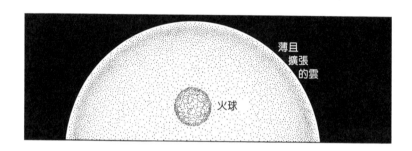

3.28　把雲蒸乾　　♀吸收 ♀浮力 ♀凝結 ♀蒸發

在有低雲的初夏清晨，我祖母常說，太陽會「把雲蒸乾」，這天將會是一個晴朗的好天氣。因為清晨的薄雲後來總是消散掉，我認為祖母說的沒錯，陽光是被雲吸收，而「把雲蒸乾」了。我說的對嗎？

3.27

爆炸使空氣迅速受熱膨脹，產生一道激震波，高壓在前、低壓在後。在低壓通過時，空氣會擴散冷卻，裡面的一些水氣會凝結下來。激震波通過之後，空氣壓力恢復正常，球狀雲就消散掉了。因此這層球狀雲相當窄，而且由爆炸區迅速擴散出去。

3.28

我們可見到的陽光是由太陽射出，再穿透雲層到達地面，而被地球吸收。當地面變暖後，它的熱輻射（長波長的光）增加。當雲層吸收到這部分的熱輻射時，雲層頂端和底端的溫度會有差異，待溫差夠大時就會引起亂流使雲消散。

3.29 乳房狀雲 ♀雲的生成 ♀穩定性 ♀浮力

是什麼原因會產生像乳房形狀的雲堆，稱為乳房狀雲（mamma）。特別是為什麼有時乳房狀雲之間會有明亮的間隙？

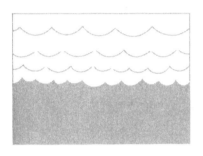

3.30 霧的成因 ♀凝結

倫敦的霧近幾十年來在濃度上有降低的現象，部分原因可能是露天燒煤的情況減少。露天燒煤和霧有什麼關係？一般而言，霧的成因是什麼？

Answer

3.29

乳房狀雲的成因是雲層太厚時會互相堆積，下面的雲就下降進入一乾燥層，類似熱空氣在向下運動時的熱力學原理。

3.30

我們可以將霧依其成因的不同分成幾類。輻射霧（radiation fog）是潮溼的暖空氣把熱以輻射方式散播出去後，空氣冷卻，多餘的水氣就凝結成霧。平流霧（advection fog）則是溫暖潮溼的空氣，流經較冷的地面或水面而形成的。空氣的濕度不一定要達到100%才會起霧，現代的大氣裡有許多凝結核（condensation nucleus），即使溼度只有60%，它們也可能吸引水分子而起霧。靠近海邊的地方，凝結核可能是鹽粒；而城市裡可能是從工廠煙囪排出來的顆粒性物質。以前在倫敦的露天燒煤，就提供了大量的凝結核。一旦燃燒的情況減少，霧就比較不容易生成了。

有時候一層逆溫層（inversion，就是熱空氣層在冷空氣的上面）會把空氣裡的工業污染物困在地面附近。1952年12月，倫敦就發生過這種逆溫現象，工業污染物轉變成黑色的霧，接連好幾天籠罩地面，能見度只有幾英寸。大約有4000人死於這次的煙霧公害污染。

3.31　呼氣的凝結　　　　　　　　　　♀凝結

為什麼天氣冷時，人吐出的氣息會在窗玻璃上凝結？更明確地說，是什麼讓水分子凝結成水滴？為什麼水滴會凝結在那些特別的地方，如玻璃上的某些部分……，這些地方有什麼特別？

為什麼一片剛烤好的熱土司會在盤子上留下水汽？

3.32　鹽水泡泡　　　　　　　　　　　♀氣泡成核

為什麼當鹽水倒進鹽水時，比清水倒進清水產生的泡泡更多？

3.31

當你的熱呼氣碰到冷玻璃時，就沒辦法保有、收納這麼多的
水氣，於是凝結出水滴。形成這些水滴的凝結核不是在玻璃
上，就是在附近的空氣裡。

熱吐司會在冷盤子上「吐氣」，也是相同的道理。

3.32

鹽顯然是扮演形成泡泡所需晶核的角色。

3.33　**凝結尾和消散尾**　♀凝結 ♀絕熱過程 ♀旋渦 ♀浮力

為什麼飛機後面常會形成凝結尾（contrail）？但又不是一定都會形成？若你更仔細看，會發現凝結尾其實是由兩道或兩道以上流線組成的，最後散開來混在一起。為什麼最初的流線就有一道以上？為什麼飛機和凝結尾的前緣之間，有明顯的間隙？又是什麼原因讓凝結尾迸裂、爆開，像一串爆米花？

像爆米花般的凝結尾側視圖。

有時你也許運氣好，可以同時看到凝結尾，和它下方雲層上的影子。但有一種消散尾（distrail）更有趣，這是飛機飛過雲堆，留下來的一條暗線。為什麼飛機會產生這樣的尾跡？

3.33

飛機飛行的時候，兩機翼各會產生旋渦，因此在機身中心後方會有一股向下的氣流，而機翼後方也分別產生一股向上的氣流。水蒸氣的凝結可直接來自於引擎的排氣，或旋渦運動時空氣的冷卻。因為大部分的飛機都有兩個主翼，所以最初會有兩條尾跡。由於有一股向上的浮力，兩個旋渦之間的中心向下氣流的動量會減少。而為了使動量減少，空氣的體積會變小，就會把兩個旋渦拉近，最後會使兩條凝結尾混合在一起。但儘管整體向下的動量減少，向下氣流的速率還是會增加。

向下氣流速率的增加會擴大凝結尾的不規則性：起初開始下降的凝結尾有一部分由於氣流向下的速率增加，會下降得更快，這部分看起來就好像向下爆開一樣。有些混合進入旋渦的凝結尾在碰到旋渦的中心後停止下降，從下方看，這些尾跡就像一些散開的爆米花區域，由兩條仍可分辨的凝結雲串在一起。

3.34　壁爐通風　　　　　　　♀浮力 ♀白努利原理

一個設計良好的壁爐，不管火是不是直接在煙囪下方燒，煙都會從煙囪冒出去，而不會飄散在屋子裡。

為什麼會這麼通風？為什麼煙囪愈高愈好？為什麼在有風的日子，壁爐的通風比較好？為什麼有的煙囪會像下圖那樣一團團地冒煙？

3.35　野火　　　　　　　　　　♀浮力

有很多社區雖允許放露天野火，但不准在白天升火。在白天
或傍晚燃燒野火有什麼不同？

3.36　香菸裊裊　　　　　♀浮力 ♀亂流旋渦

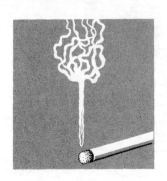

為什麼香菸的煙在上升幾公分
之後會忽然形成「亂流」？

3.34

被火加熱的空氣比屋裡的冷空氣輕，因此會被室內的冷空氣推入煙囪，一旦空氣循環的模式建立，即使煙囪不在火堆的正上方，空氣還是會繼續流通。煙囪愈高，它裡面溫暖又輕的空氣愈多，因此愈容易使空氣流入煙囪。假設有一團空氣正好在火上方，位於煙囪的入口，它會被屋內的冷空氣往煙囪裡推，但也會被它上面的空氣往下推。但若它上面的空氣是暖空氣，則向下推的力氣比向上推的力氣小得多。煙囪愈高，也就是上面的熱空氣愈多，屋內冷空氣愈容易把熱空氣推入煙囪裡。若煙囪裡上升的煙團很慢，又常有冷空氣灌入煙囪頂部，它就會一團一團的冒煙。

3.35

和溫暖的日間相比，較冷的傍晚，熱煙或熱氣更容易往上升。

3.36

剛開始，因為熱氣體上升較慢，所以呈層流（laminar flow）狀態。但隨著氣流的上升，它的淨上升力（熱氣體在冷空氣裡產生的浮力）會加速氣流，使它散開變成渦流。一般香煙要得到足夠的速度始能擾動，大約需要2公分上升量的加速度。

3.37 煙囪煙柱　　　🎈浮力 🎈穩定性 🎈溫度直減率

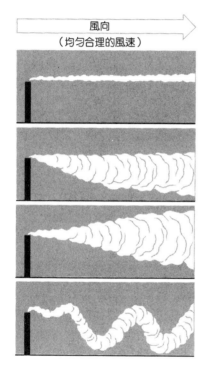

風向
（均勻合理的風速）

你認為工廠煙囪排出來的煙柱會垂直上升嗎？若有風的話，會以一個角度上升。但若吹的是均勻水平方向的風，煙柱的形狀會像左邊圖a那樣。

為什麼產生這些形狀？

右圖圖b的情況最有趣。為什麼有些向下彎的煙柱，一開始就分裂成兩股。

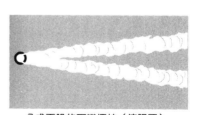

分成兩股的下彎煙柱（俯視圖）。

3.37

煙囪排煙的一般特性，和煙囪口附近氣溫隨高度變化的情況有關。若氣溫隨高度迅速增加（這種情況就是一般所稱的逆溫現象），煙囪排出來的熱氣沒有辦法上升，就會隨風往水平方向飄送，如a圖的第一個圖。若地面到煙囪高度的氣溫隨高度降低，但超過煙囪高度後相反，排出的熱氣雖然將無法上升，卻能向下混合，就像第二個圖那樣。若氣溫從地面開始，隨高度均勻適當地降低，煙團就像第三圖那樣。若氣溫隨高度迅速降低，則煙團會趨向上升，但因為熱擾流的關係，亦會被帶到地面，如第四圖。

熱氣體排出煙囪口的時候，會產生一對旋渦，分裂成兩部分，只要微風夠弱，就不致被擾亂。之所以產生一對旋渦因為從煙囪口中心出來的氣流有股強勁的向上力道，但周圍的煙團卻是向下走的。若吹的微風很輕柔，這個煙團就會從中間分裂開來，形成兩道向下的煙柱，像圖b那樣。

3.38　覆冰的陰影　　♀冰晶成長♀毛細作用♀輻射吸收

當你觀察遠方北阿拉斯加（North Alaskan）的湖泊或河上的覆冰時，在晚春化冰之際，大部分的冰看起來黑黑的，其他部分則是白的。在冰上行走，你很快（也很痛苦）就學會，黑色的冰比較脆弱，應避免踩上去。為什麼冰有的亮、有的暗？而深色的冰為什麼較脆弱？

3.39　被「冷」黏住　　♀熱傳導

如果你碰一個很冷的金屬片，比如說由冷凍庫剛取出的製冰盒，你的手可能被金屬「黏住」。如果你想親自做實驗，要小心，你可能會失去被金屬黏住的那一小片皮膚。在碰觸冷金屬後，於水槽裡放些水，立刻把手和金屬片一起浸入水槽。不要像一些無知的小孩，立刻把金屬用力拉開，這樣可能會受到嚴重的傷害。

為什麼你的手指會黏在金屬上？要多冷才會發生這種事？

3.38

冰晶的會先在一個平面上成長，稱為底面（basal plane），而垂直於這個平面的軸稱為 C 軸，冰在 C 軸上的成長會慢很多。湖面上的浮冰，其各處冰晶的排列方向（orientation）都不一樣，因此溶解的速率也不同。如果有個地方，多數冰晶的 C 軸都呈水平方向，則它熔化後會使每個冰晶垂直站立，像根蠟燭似的，彼此孤立。湖水藉由毛細作用滲入「蠟燭」之間，使整個地區看起來比較暗。至於 C 軸多呈垂直方向的地方，有較大塊的水平冰晶，裡面像蜂巢一樣有熔化的中空管子，這樣的地區比較亮。

較黑的區域比較亮的地方吸收更多陽光，熱得較快，也比較脆弱，因此在上面行走比較危險。

3.39

你皮膚上的水氣會凝固，使你的皮膚黏在金屬上。金屬比木材更會發生這種凝固，因為金屬的導熱性很高，你的指尖會迅速冷卻（參見 **3.78**）。

3.40　水結冰　　　　　　　　♀過冷 ♀自由能

為什麼水通常在0°C時凍結？這個溫度有什麼特別？

在有些情況下，溫度雖然低到零度以下，水還是能呈液體狀態。例如在雲團裡，溫度低到–30°C時，仍可發現有水滴。怎樣才會有這種過冷的水？

能把冰加熱到0°C以上，而不讓它熔化嗎？

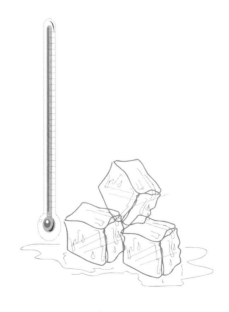

3.40

水的熔點是0℃，但凝固點可能更低，和所含的雜質有關。非常純的水可以過冷（supercool，就是冷到熔點以下還不凝固）到大約−40℃。雜質會使水在較高的溫度開始凝固（但不會高過熔點），而確實的凝固點和雜質的種類與濃度有關。

當水冷卻下來時，系統的自由能（free energy）會隨機變動（這是由於水分子的微觀熱運動），產生很小的冰嶼（ice island）。如果此時水溫離所謂的「凝固溫度」還相當遠，冰嶼會很快消失。但在到達「凝固溫度」時，冰嶼會長大到某臨界大小，從這點開始，繼續凍結將會使整個系統的自由能降低，冰嶼會持續長大。對純水而言，在接近−40℃時冰嶼會成長到臨界大小，但對有雜質的水而言溫度會比較高（仍在零度以下），因為雜質會降低冰嶼大小的臨界值。

3.41　包裹冰塊　　　　　　　　　　🔎 潛熱

為什麼用溼紙把冰塊包起來，冰塊熔化得比較慢？

3.42　凝固熱水和冷水　　🔎 凝固 🔎 潛熱 🔎 蒸發

在一些寒冷地區如加拿大或冰島，一般人都知道，若把水留在戶外，原來是熱的水凍結得比較快。這看起來有點問題，但卻不是無稽之談，連英國哲學家培根（Francis Bacon, 1561-1626）都注意到這種情形。

試著用不同的容器裝一些熱水和冷水，把它們放在天寒地凍的戶外或冰箱裡，看看哪個先凝固。如果真的是熱水先凝固，請解釋一下。

3.41

通常冰一熔化，水就會流出來。若冰塊被濕紙包住，外部的熱必須先透過水層，才會傳導到冰塊，供應給冰塊的熱減緩，冰當然融得慢。

3.42

問題的關鍵是一開始熱水的蒸發比較快。如果開始時，放在寒冷室外的熱水與冷水質量相等，且容器無蓋，熱水由於蒸發較快，留在容器裡的水會減少。在水較少的情況下，原先熱水會冷得比原來的冷水快而更早降到凝固點。實際的冷卻速率和容器的材料有關，也和容器上方空氣及容器內水的循環條件有關。雖然培根早就談論過這個效應，且這在加拿大也是眾所周知的事，但對熱帶國家的人而言，這還是相當神秘的現象。有物理期刊上曾提到一個坦尚尼亞（Tanzania）的高中生，費盡九牛二虎之力，才說服他的老師接受這個結果。

3.43　全球雷雨活動　　　♀雷暴熱力學

如果你將全球的雷雨活動對格林威治平時（Greenwich Mean Time, GMT）作圖，你會發現活動最頻繁的時段大約是倫敦的晚上7點，而最不活躍的時段則約在倫敦時間的凌晨4點。換句話說，在倫敦的晚上7點，全球各地遭受雷雨侵襲最頻繁。

這種時間從屬有道理嗎？有何特別的物理基礎在內？

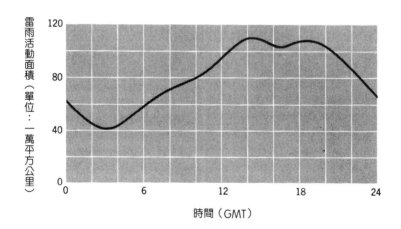

Answer

3.43

雷雨大多發生於午後到傍晚這段時間的大陸上。全球雷雨活
動的圖表顯示，主要以發生在非洲或歐洲大陸的雷雨為多
數，因此最大的活動量大約發生在倫敦時間的晚上7點。

地球電場圖（參見 **6.33**）亦有相同的圖形，最大值也發生
在大約相同的時間，因為雷雨活動會將地球重新充電，藉由
閃電和尖端放電，把負電荷送進地球，正電荷送入大氣層中
（見 **6.32** 和 **6.46**）。

3.44　水池結冰　　　　♀密度隨溫度改變 ♀對流 ♀絕緣

為什麼水池的表面比中間或池底先結冰？（理由不只一個）
若不是這樣，除了熱帶地區之外，就沒有淡水魚了。

在一些水必須要用輸送的地區，利用一條送氣管由池底或河
底製造出一些泡泡，可以防止水面的結冰。若水面已經開始
結冰，泡泡甚至可以把冰慢慢熔化掉，雖然有時要耗費四、
五天。泡泡怎麼會有這種功能？

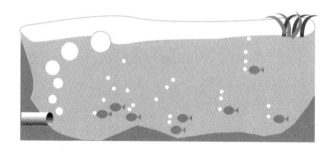

3.45　滑雪　　　　　　　　　♀傳導 ♀相變

滑雪板為什麼可從雪上滑過？它和溜冰的機制是一樣的嗎？
你能在其他冰凍的物質上滑嗎？還是只能滑「雪」？會不會
太冷而沒法兒滑雪？為什麼滑雪板要上蠟？最後，為什麼硬
橡膠製的滑雪板比金屬製的好？

Answer

3.44

水在4℃時密度最大。因此當池塘開始結冰時，較輕的冰會浮在水面，快要結冰的水會上升，而相對較溫暖的水（接近4℃）會下沈，因此表面會比較冷而先結冰。表面的水也冷得比較快，因為它會把熱輻射到大氣中，而表面空氣的循環也會把熱帶走。池塘底部的地面比較暖，會把熱量傳給底部的池水。比較溫暖的氣泡也會供應些許熱量給池水，使池水延緩或防止結冰，甚至會使冰熔化。

3.45

如果雪的溫度接近熔點，滑雪板的摩擦力會使表面的一層雪熔化，使滑雪者能滑動。而滑雪板繼續在這層水膜上移動，就繼續提供熱量維持這層水膜。只要一開始融雪成功，滑雪板的材質不管是金屬或是硬橡膠都沒什麼關係。但若滑雪板的熱傳導效果很好，例如金屬製滑雪板，熱量的損失可能太快而無法維持底下的水膜。硬橡膠製的滑雪板（或是幾年前的木製滑雪板）熱傳導效果很差，足夠維持水膜。若雪的溫度比熔點低很多，可能就沒有水膜存在，滑雪板上就要塗蠟來減少摩擦力。

3.46 溜冰

♀絕熱壓縮 ♀壓力與相變

在溜冰時，你的溜冰鞋爲什麼會沿著冰上滑？試解釋其中牽涉的物理原因與實際的數字。當然若天氣太暖會無法溜冰，但會不會太冷而不能溜？在一些很冷的地方發現的冰，如格陵蘭，會不會滑溜溜的？你能像溜冰一樣，在其他冰凍的物質上溜嗎？如二氧化碳（乾冰）。

假設你必須步行通過一片冰原，你會選擇光滑冰面的路徑或者粗糙冰面的路徑？哪一條路徑比較滑？

3.47 捏雪球

♀傳導 ♀相變

爲什麼氣溫很低時無法捏雪球？到底是什麼原因使雪球固結在一起？估算一下，你可以好好捏個雪球的最低溫度是多少？

3.46

像 **3.45** 的滑雪一樣，溜冰者也是在一層薄薄的水膜上溜，但水膜的成因和滑雪不同，是壓力造成了熔化。溜冰時，人的體重是靠兩片窄窄的冰刀來支持，因此作用於冰的壓力爲每平方英寸 7000 磅以上。爲了得到確實的壓力，你要計算在冰刀與冰接觸面積上的壓力分布，而不是整個冰刀底部的總面積。

其他物質不像冰和水，冰會在壓力下熔化而其他物質不會，因此不能用來溜冰。既然滑雪不是靠壓力來熔化雪，或許你可以在其他物質上「滑雪」，如乾冰。

3.47

在捏雪球的時候，你把雪塊緊捏，至少得把雪的表面壓熔化，讓它們重新凝固在一起。

3.48 雪崩

♀絕熱壓縮 ♀壓力與相變

天氣突然變暖或機械振動如何觸發一場雪崩？爲什麼很多雪崩都發生在傍晚，這時不是通常比較涼嗎？有人甚至認爲滑雪者的影子都可能引發雪崩，怎麼會這樣？

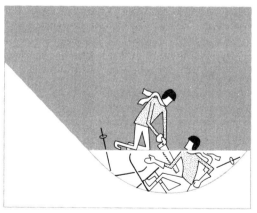

在乾雪崩時，巨大如雲狀般的雪滑下來，以每小時200英里的速度衝下山坡，它的力量足以將大樹連根拔起或讓鐵橋移位。根據一個曾陷於這種雪崩的滑雪者之故事，滑雪者和雪堆以這樣的速度衝達對面的山坡，陷在雪裡的空氣被壓縮後，溫度升高把部分的雪熔化掉。但幾分鐘之內，雪又重新凝固。當救難隊到達時，必須用鋸子才能將活著的受難者救出來。

3.48

突然變暖會使部分的雪熔化，提供了充分的水來潤滑未熔的雪，造成雪崩。而突然變冷也同樣危險。假設太陽下山時，原先已經熔化的水會凝固，而水凝固時體積會膨脹 11％，也有觸發雪崩的危險。

3.49　雪胎和冰上的沙　　　♀傳導 ♀相改變

在冬天的結冰街道上開車，我們常用沙或有突起的雪胎。但若溫度降到華氏零度之下，兩者都不太好用，為什麼？若如此，為什麼在華氏零度以上就很管用？

3.50　潮溼時覺得比較冷　　　♀潛熱

當你一走出浴室或游泳池時，為什麼會覺得冷？設法估算出你的熱損失率。（在有風的情況下，有個現在用來估算這種冷卻效果的參數，稱為風寒因數，windchill factor。）
為什麼醫院常用酒精替病患擦身體，以降低體溫。為什麼不用水？

我小的時候，常和家人一道去度假，我們常把一個帆布水袋放在車子的前擋泥板上。雖然天氣很熱，但水袋裡的水總是涼的。為什麼？在某些特定情況（如空氣溫度、溼度、車速等）下，你能估算一下水的溫度嗎？

Answer

3.49

雪胎的設計是讓輪子能「咬」住雪，直接增加阻力。有突起的雪胎是利用車子的重量，使突起物下的冰或雪產生壓力熔化，而把雪咬住。車子的重量分布在較小面積的突出物上，會使冰受到的壓力增加而更易熔化。但若雪或冰的溫度在0℉以下，增加的壓力也不夠造成壓力熔化，這種雪胎就沒有用了。若壓力熔化可以把沙嵌入雪中或冰內，那麼在冰上灑沙就有相同的功用了，但在非常冷的溫度下也是無效。

3.50

水的蒸發需要熱，如果你溼答答的或沒穿衣服站在微風裡，蒸發的水就會離開你的身體。要讓水分子離開水層，換句話說，就是讓水蒸發，必須供應能量給水分子，使它能克服其他水分子對它的吸引力。在此同時，有些已經進入蒸氣狀態的水分子也會跑回水層，也就是放出能量回到液態。如果液體和蒸氣在一個密閉系統裡，且在平衡狀態下，蒸發所帶走的能量和凝結回來的能量會相等。但在微風裡，蒸氣一直被吹走，水層就產生淨能量損失，若水層是附在你的皮膚上，則損失的淨能量來自皮膚，你便會覺得冷。酒精的蒸發比水快，因此皮膚冷卻地更快。多孔帆布水袋的冷卻，也是由於水袋表面的蒸發作用，尤其在一直有風吹過來的時候。

3.51　加鹽的冰　　　　　♀凝固點

祖母在家裡做冰淇淋的時候，會在裝冰淇淋的容器外放滿冰塊，然後在冰塊上灑鹽。為什麼她要加鹽？同樣的，為什麼在結冰的路上灑鹽？針對這兩個問題，你可能會回答「要使凝固點降低」。不錯，但鹽為什麼會降低凝固點？如果天氣非常冷，鹽便不能使路面情況改善。鹽可以改善路面的最低溫是多少度？

要多冷才能使鹽水結冰？

3.52　抗凍冷卻劑　　　　♀凝固點

為什麼在水裡加上抗凍劑，其凝固點會比純水低？為什麼抗凍劑在夏天也可以防止過熱？如果抗凍劑這麼好用，為什麼不在汽車用來散熱的水箱裡完全填充抗凍劑，而不加任何水？（多數抗凍劑製造商都建議，抗凍劑的混合比例不要超過50％。）

3.51、3.52

當水裡加鹽後，必須移除更多的熱才能使混合液結冰，因此它的凝固溫度會降低。此時不僅是水分子的運動要變慢，冰晶才能開始成形，而且它還要克服與鹽分子附著的問題。加鹽還會使水的沸點升高，因為水分子會被鹽分子吸引，它們要運動得比平常快，才能脫離鹽分子，進入蒸氣狀態。

在汽車的水箱裡添加抗凍劑也有類似的效果，可以降低水的凝固點並升高沸點。

3.53　化油器結冰

♀凝固點

在某些日子，外面的溫度就算
有 40℉，我車子的化油器還
是會積冰，使車子不能發動。
右圖顯示出節流板積冰的情
形，使得空氣無法進入引擎。
為什麼會積冰？乾燥的日子或
潮溼的日子，哪個容易積冰？
當室外溫度低於冰點時會積冰
嗎？

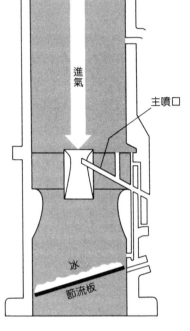

3.54　吃極地的冰

♀潛熱 ♀擴散

愛斯基摩人知道，剛凍結的海冰太鹹，不能吃，也不能熔成
飲用水，但是結了好幾年的海冰就不成問題。他們也發現，
若海冰被推上岸，離開水面，脫鹽的速度會加快，尤其是在
溫暖的春天或夏天。為什麼含鹽量（salinity）會隨時間降
低，尤其為什麼在溫暖的月份含鹽量降得更快？當水蒸發作
用旺盛時，含鹽量不是應該會增加嗎？

Answer

3.53

燃料的蒸發（可藉由空氣的加速，強制讓空氣經過中央孔道吹過燃料噴嘴，來增強蒸發作用）需要能量來產生相變，而能量來自空氣。當空氣變冷，它的濕度會飽和，多餘的水氣就凝結下來。若外面的濕度在65％到100％之間，而外面溫度介於25℉～50℉，則凝結的水氣會在節流板上結冰。

3.54

冰塊裡的鹽水是在一個個小胞裡，由於重力之故，這些鹽水胞會逐漸向下遷移；由於持續熔化與凝固之故，鹽水胞也會向較高溫移去——通常也是向下方移去因為冰塊不是漂浮在海上（接近凝固溫度的海洋，溫度要比上方的空氣暖），就是堆積在地上（地上的溫度也比空氣暖）。在這兩種效應下，鹽水胞會由大冰塊裡從上往下排出。大約一年左右，上部的冰塊就變得適合飲用，而只要幾年的時間，就幾乎是純水了。

要了解冰塊因上下溫差形成的排鹽方式，我們先假設冰塊裡有個垂直分布的鹽水胞，溶液裡的含鹽量要和鄰近冰塊於平均溫度所包含的一樣。在下面比較溫暖的部分，鹽水胞含鹽量就太高了（見 **3.51**），因此冰塊會熔化以減低含鹽量。在上面較冰冷的部分，會進一步凝固來增加含鹽量。整體而言，鹽水胞逐漸向下移動，最後到達冰塊的底部。

3.55 蓋鍋蓋燒水　　　　　　　♀潛熱

當你燒開水煮麵時，蓋鍋蓋會使水燒得快些，爲什麼？這個嘛，因爲熱的損失比較少，是嗎？但這眞正的意思是什麼？是熱對流減少？或是紅外輻射減少？當蓋上蓋子時，蓋子本身的溫度會接近沸點，不是嗎？因此，蓋子上面的對流和輻射，與沒蓋不是差不多嗎？若如此，爲什麼蓋著鍋蓋的水燒得快些？

3.56 短暫地打開爐門　　　　♀對流♀潛熱

我祖母認爲，在潮溼的天氣裡，若在點燃爐子之前先將爐門打開，在點火之前的瞬間關上，爐子會加熱得比較快。若眞如此，請解釋一下。

3.57 一盆水可保護蔬菜　　　　　♀潛熱

祖母常在儲存蔬菜的地窖裡擺一大盆水，防止蔬菜遭受嚴寒。爲什麼一盆水可以保護蔬菜？

3.55

要讓鍋子裡的水汽化需要相當大的熱量。若鍋蓋開著，水氣會一直進入上方的空氣，汽化熱就會一直損失。鍋蓋會把水氣蓋住，讓熱保持在鍋子裡。

3.56

除了有一份參考資料說到這種現象外，目前為止顯然沒有任何刊物詳細談到它。為什麼不用你自己的爐子做做實驗？若增加爐子裡空氣的濕度，會使空氣加熱更快嗎？使空氣增溫所需要的熱量會少些嗎？比如說上升1度的話。空氣的流通會改變嗎？☺

3.57

通常人們為了防止汽車的水箱結冰，會在車庫裡靠近水箱的地方擺一大盆水。當室內溫度冷到接近冰點時，這盆水就變成室內的熱庫（heat reservoir）。若水盆裡的水開始結冰，會放出相當大的熱能（潛熱），防止室內溫度進一步冷卻。

3.58　冰屋的方向性　　　　　　🔍 潛熱

在冰箱發明之前，住在北方寒冷地區的人，常在冬天把冰塊儲放在冰屋裡，以備夏天使用。做一個好冰屋的條件之一，就是必須座落於適當的方位。它的門要向著東方，好讓朝陽把潮溼的空氣驅散。但這也表示它將比朝南、北方曬到更多太陽，由此可見潮溼比溫暖更不受人喜愛。為什麼？

3.59　利用烤肉叉加熱肉塊　　🔍 熱傳導 🔍 熱管 🔍 潛熱

怎麼讓烤肉快點熟？你可以像烤馬鈴薯一樣，刺一根鐵棒在

肉裡，熱會由鐵棒傳進肉裡，比由肉的表皮往內傳快，因此肉會熟得快些。但有一種特製的烤肉棒，是空心金屬管而不是金屬棒，裡面有個燭芯結構還灌滿水。

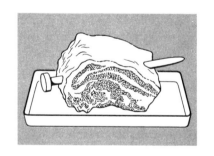

根據廠商的說法，它的熱傳導能力比實心的鐵棒快 1000 倍，也的確可將炊煮的時間減半。但怎麼會如此？空心鐵管怎麼會比實心鐵棒好？而且水和燭芯的結構有什麼用？

3.58

清晨時，當屋外開始變暖，經一夜冷卻的空氣會在這時流進
冰屋內。這些冷空氣進冰屋後，因為冰屋的溫度更低，濕度
會達飽和狀態，有些水氣就會凝結下來。水分子由氣態變成
液態，會放出大量的熱，留在冰屋內。若陽光可以直接射入
冰屋，讓屋內的空氣變暖，防止外面冷空氣流進來產生水氣
凝結，「加熱」冰屋的作用反而會少些。

3.59

這個鐵管尾端寬大的構造在吸收來自烤爐的熱後，會加熱裡
面的水，最後水變成水蒸氣。而在相變（phase change）的
同時，必須吸收大量的熱。熱蒸氣終將上升到插在冷肉裡的
管子另一端，水氣遇冷後也在這裡凝結，把由液體變成氣體
所吸收的（潛）熱釋放出來。液態水聚集後會從管子流下
來，整個循環再重新開始。這樣傳熱到肉塊內部的方式，比
單由金屬棒傳導進去快了 100 到 1000 倍，這其中牽涉到水
在氣體與液體之間相變的熱量變化。

3.60　最高的山　　　　　♀壓力和相變 ♀潛熱

為什麼地球上沒有比聖母峰還高很多的山？比方說高 10 倍（火星上的奧林帕斯山就比聖母峰高出兩倍以上）。若山的高度有一定的限制，那限制條件是什麼？大約有多高？

📖 奧林帕斯山（Olympus Mons），早期稱為 Nix Olympica，火星上最大的火山，並被認為是太陽系中最大的火山，由義大利天文學家斯基帕雷利（Giovanni V. Schiaparelli, 1835 - 1910）於 1879 年發現。奧林帕斯山的高度約 27 公里，近 3 倍於聖母峰，而總體積約地球上最大的夏威夷火山 Mauna Kea 的 10 倍。

Answer

3.60

山有一個臨界高度，大約是30公里。如果山的高度大於此臨界值，則山的重量對底部產生的壓力會大到把山的基底液化，而下沉到臨界高度以下，因此山的高度一定低於約30公里。火星表面的重力小於地球表面，因此火星上的山脈會有較高的臨界高度。

3.61 滾水淋身特技 ♀傳導

滾水淋身是一種很迷人的東方魔術，也是考驗日本神道教徒的一項儀式。

儀式開始，表演者站在一只裝滿沸水的大鐵鍋前。忽然，他把兩束嫩竹枝丟入鍋裡，接著立刻舉起鍋子，將沸水由頭上澆下，流過肩膀和手臂。流下來的水碰到原先鐵鍋下的火，會冒出陣陣水蒸氣。等鍋裡的水倒完後，表演者看起來並沒有受熱水燙傷，而這一切都歸功於神明庇祐。

熱水當然會把表演者的皮膚燙傷，因此這其中一定有些技巧，你可千萬別自己嘗試。若表演者很精確地計算時間，在水初沸時就表演，會有幫助嗎？那時的水溫是多少？

3.62 水的沸點 ♀相變 ♀潛熱 ♀氣泡生成

當我們說鍋子裡的水沸騰了，真正的意義是什麼？一般人都接受在一大氣壓之下，攝氏 100° 是水的沸點，像這樣的溫度為什麼可稱為水的沸點？為什麼水可以加熱到超過 100°C 還不沸騰（但仍然在一大氣壓力之下）？最後，為什麼有人說當水溫達到 100°C 時，就算進一步加熱，水溫也不會再上升，只是蒸發率會增加而已？為什麼表面之下的水溫度不能超過 100°C，即使不斷有熱源供給？

Answer

3.61

若在大鐵鍋的水剛發出巨大聲音時（參見 **4.12**）表演，這時的水溫尚未達沸點，因此雖然熱，但並沒有那麼危險。當表演者把水灑入空中時會化成水滴，而在這些水滴接觸到皮膚時，它也被空氣稍微冷卻了。若表演者在表演過程中滿身大汗，就像我自己嘗試過的，汗珠會保護他不被熱水滴燙傷。

3.62

在你開始加熱一鍋水前，水就一直在蒸發。液態裡的水分子總有些具有足夠的能量，可以變成水氣離開液面。當然也有些水氣分子會重回液面，但卻有淨損失（net loss）。當水在加熱時，水上方呈水氣狀態的分子數目會增加，直到蒸氣的壓力達到一個最大值，我們稱為飽和蒸氣壓（saturated vapor pressure），這時的水溫就是沸點。這個最大蒸氣壓和大氣壓力有關，在山頂上氣壓較低，水在較低的溫度蒸氣就達到飽和，因此沸點較低。至於水沸騰時，表面是否有泡泡翻滾，也和水體的氣泡成核（nucleation）有關。如果水非常乾淨，而且很小心的不擾動它，水在正常的大氣壓力下，可以加熱到超過沸點。但只要有些微的擾動，或許只是一小粒灰塵，就會引起氣泡成核，導致很劇烈的翻滾沸騰。

3.63　水坑邊的鹽漬　　　　　　　　🔍 蒸發率

若我們曾用鹽來去除人行道上的冰，之後一些小水坑的蒸發，會留下一圈圈的鹽漬痕跡，為什麼？相同的情形也會發生在巨觀現象中，例如一些乾旱地區的湖邊，往往有一圈白色的印子。

你甚至可以在廚房裡做出這種鹽漬的痕跡，在玻璃杯裡調一杯滿滿的飽和食鹽水，再將它擺上一個月。最後玻璃杯的內、外都沾有一層鹽。鹽怎麼會跑到玻璃杯外面去？

3.63

由於水的濺開與毛細作用，通常在水坑旁或湖邊會沾上相當薄的一層水。當水被蒸發後，原先含在水裡的溶解鹽類就會留在邊緣上，形成水痕。

3.64　飲水鳥　　♀理想氣體定律 ♀蒸氣壓 ♀潛熱 ♀相變

飲水鳥曾經是最流行的一種物理玩具。它有玻璃做的身體，毛氈料或羽毛做成的頭，還會上、下搖擺地「喝杯子裡的水」。你只要先把它的頭弄溼就行了，它開始會慢慢地搖擺，最後頭浸在玻璃杯水裡。這時鴨鴨不需要外力協助，會站直身子，然後重新搖擺。只要能保持它的頭部是溼的，就可以一直這樣搖擺。這是怎麼回事？

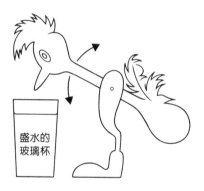

盛水的
玻璃杯

或許飲水鳥可以解決下個世紀的能源問題。想像一下，若在美國加州的外海做一隻超大的飲水鳥，讓它可以把頭伸進太平洋裡弄溼，不就可以提供全美國西岸所需的能源嗎？但這可能產生一種崇拜飲水鳥的新宗教。每天早上，大家都要放下手邊的工作，對飲水鳥磕三個響頭，嗯…我看還是算了。

3.65　在熱平底鍋跳舞的水滴　　　♀ 蒸氣壓

把水滴灑進又乾又熱的平底鍋裡，水滴會在鍋裡跳躍，滑掠
過平底鍋。爲什麼水滴不立刻被蒸發掉？是什麼讓它滑掠過
鍋面？令人驚訝的是，若平底鍋稍涼一些，水滴反而較快消
失。

若仔細觀察滑掠過鍋面的水滴，你會發現它有很多奇特的形
狀。其實水滴的形狀變化得很快，你的眼睛無法跟上，你看

到的只是混合的形狀。要捕捉它的每一個變化，你可以用頻閃觀測器（stroboscope）或高速照相機來觀察。下圖畫出一些水滴的基本形狀，爲什麼水滴的形狀會改變？

3.64

小鳥的頭部有一根管子延伸到底部，而底部有一些液體，液面高過管子末端。在液面上，不論是小鳥底部或管子內的其他空間，都有這種液體蒸發的氣體，而這兩個氣體空間是不相通的。當水由頭上的毛氈料蒸發時，頭部與管內的蒸氣會變冷（參見 **3.50**），降低了管內的蒸氣壓，這時底部的蒸氣壓比較大，會使液體吸入管子裡，慢慢往頭部上升。最後會造成小鳥重心不穩，身體向前傾「喝杯子裡的水」。當小鳥呈水平時，兩個蒸氣空間便連通了，壓力因此相等。壓力一旦相等，便沒有動力讓底部液體吸上管子，不穩定消失，而「喝水」的衝力會讓小鳥再度站直，整個週期重新開始。

曾有人考慮建造大型飲水鳥，為中東地區的灌溉渠道運水。

3.65

當水滴碰到非常熱的平底鍋時，它的底部立刻被蒸發，於是在鍋子和水滴之間有層蒸氣膜。之後水滴的受熱就來自透過蒸氣膜的輻射、蒸氣膜裡的對流以及蒸氣膜的傳導等。但這三項過程要花上 1、2 分鐘，才能將水滴加熱到沸點，因此蒸汽膜可保護水滴一段時間，讓水滴在鍋底跳來跳去。

3.66　間歇泉　　　　　　　　　♀蒸氣 ♀對流

間歇泉（geyser）噴出的原因是什麼？以黃石公園的老忠實
噴泉（Old Faithful）為例，為什麼它會定期噴發？它們的
熱源只是經由圍岩的熱傳導嗎？或需要更快的熱源供應？

假設你依照右圖，做一個
有連續熱源供應的人造間
歇泉。你的管子要多深，
且你必須提供多少功率的
熱源？它多久會噴一次？
又可以噴多高？

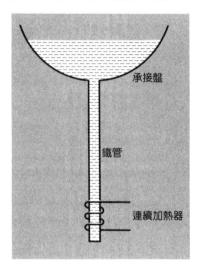

承接盤

鐵管

連續加熱器

3.67　過濾式咖啡壺　　　　　　　♀蒸氣壓

我那個老式、簡單的免插電過濾咖啡壺是怎麼運作的？比方
說，它中央的豎管要很小嗎？而當咖啡壺開始過濾時，裡面
的水要達到沸點嗎？

Answer

3.66

地底下有些非常熱的火成岩（igneous rock），有時深度甚至超過一千公尺。受到這些岩石加熱的地下水，會形成過熱水（即溫度超過沸點的水）向上滲出，進入溫泉的「儲水庫」中。一旦過熱的水進入溫泉中，會產生小氣泡，且愈往上升，氣泡愈大。在氣泡通過的周圍，水會被加熱，瞬時化成蒸氣，這股蒸氣壓力會把部分的水噴入空中。然後整個過程會一再重複，就成為間歇泉。有時這個過程有固定的週期，就像著名的老忠實那樣。

3.67

在老式的煮咖啡器裡，水是放在下面的容器，而研磨好的咖啡粉則放置在上方，中間有個橡皮密合墊。加熱容器內的水後，水面上的空氣與蒸氣會膨脹，把水擠入中央的管子，注入咖啡粉裡。大約5分鐘之後，關掉熱源。底部容器裡的空氣冷卻下來，開始收縮，壓力降低，這時候外面的大氣壓就把水擠回容器內。在很多現代的咖啡過濾器裡，皆有一些差異之處。有一種它的管子下方是圓錐型，正好和壺的底部接觸。陷在圓錐裡的水很快被加熱，釋放出來的氣泡就把水推上管子，如果管子過寬，氣泡就無法成功地把水往上推。等水溢出管子，沖進咖啡粉裡，重力會再使它回到下面的壺裡。每次水被擠上管子後，管子和圓錐會暫時上升離開壺底，讓新鮮（冷的）的水流進圓錐內。

3.68　單管式加熱器   ♀潛熱

多數的蒸氣暖爐都有兩個管子（一個進口，一個出口），但
也有系統是只有一個管子的。有人說這沒什麼奇怪，因為單
一管子裡的蒸氣和回流水本來就有相同的溫度。若暖爐是要
使房間的溫度變暖，它們怎麼會是相同的溫度？那麼加熱房
間的熱量要從哪裡來？

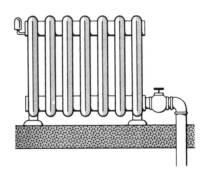

3.69　加熱器的管子鏘鏘響   ♀蒸氣 ♀對流

什麼原因使蒸氣暖爐的散熱器，發出像鐵鎚敲打的聲音？

3.70　舔舐燒紅的鐵棒　　　♀水汽 ♀傳導 ♀輻射

長久以來，過火一直是遠東神秘宗教的一種儀式，最近對這項絕技有些科學調查，甚至還曾在大型足球賽的中場休息時間，在數千人的面前公開表演。

還有比過火更令人迷惑的表演呢！有人可以把手伸進熔化的金屬中，或用舌頭去碰觸燒紅的鐵條，而沒有絲毫輕微受傷。你或許認為其中有詐，但這個特技絕對可以用物理學來解釋。雖然我自己曾試過把手指伸進熔鉛裡而沒受傷，但你千萬別自己嘗試這項試驗，一不小心你可能會嚴重灼傷。右頁圖說明了再棒的物理學，也救不了一個過度自信的物理學家！

假設有個職業雜耍人想用舌頭去舔燒紅的鐵條，他要怎麼保護自己的舌頭不被嚴重灼傷，甚至一點事兒也沒有？為什麼他只能用極熱的金屬？如果用比較不熱的金屬會有什麼危險？在過火的特技裡，最理想的步行速度是多少？特別的是，走太快會不會危險？

3.68

蒸氣由管子上升進入散熱器，然後冷凝下來又向下流回管子。相變把熱量釋放出來，達到加熱效果，而非由於溫度的改變。

3.69

水鎚（water hammering）現象發生在管路裡某個積水的地方。當蒸氣流過積水而突然冷卻下來，壓力會驟然降低。水立刻被吸往壓力低的位置，大聲地撞擊管壁。要避免水鎚現象，必須把管子裡的積水洩完。

3.70

我用熔鉛表演特技時，首先讓手溼透。當我的手指伸進熔鉛裡，一部分水立刻蒸發，在手指四周形成（至少是暫時形成）一層保護鞘，就類似 **3.65** 提到保護水滴的蒸氣膜。皮膚上的正常水分（特別是因害怕而冒汗時）也有相同的效果。過火的人可能也是受到腳上水分的保護，而且與每一步之間出汗的情形有關，就好像腳上長了繭一樣。儘管浸溼後的腳有很大的幫助，我發現自己不需什麼特別的準備就可以在熱炭上行走！

3.71 用鋁箔包食物

熱吸收 輻射

廚房用的鋁箔通常兩面不同，有一面比較光滑，另一面霧霧的。要炊烤食物時，例如烤馬鈴薯，哪一面包在食物外面真的有影響嗎？若包裝的食物是預備要冷凍的，又應該以哪一面朝外？這真的有關係嗎？

3.72 紅熱有多熱

熱吸收 輻射

或許你知道當一件物體非常熱的時候，會白熾化（incandescence，或稱白熱化），將紅熱的火鉗放進火裡燒就是個常見的例子。你能不能估計一下，當一個物體，如火鉗，開始能看見白熱化時大概有幾度？這和火鉗本身是鑄鐵或不銹鋼有沒有關係？

3.73　老舊的白熾燈泡　　　　　♀熱吸收 ♀輻射

為什麼白熾燈泡用久了以後會變灰？它是均勻地全部變灰呢，還是只有一面比較灰？

3.74　用冰箱冷卻房間　　　　　♀熱吸收 ♀輻射

我曾在很熱的日子裡，打開冰箱的門想使房間變涼，這樣做能使房間涼多少？

Answer

3.71

鋁箔的霧面比光滑面更容易吸熱與散熱（見 **3.75**）。因此霧面朝外，可讓馬鈴薯熟得快些，放在桌上也涼得快些。在這個效應上，目前顯然沒什麼相關文獻，你何不試驗一下？☺

3.72

在全黑的背景下，對一個已適應黑暗的觀察者而言，一個白熾的黑體輻射物，大約在 650～800K 時是可見的，主要看它和觀察者的視野所對的角度而定。

3.73

從燈絲蒸發出來的金屬分子會使燈泡變黑。燈泡裡少量氣體的對流作用，使這些金屬分子向上運動，聚集在燈泡頂端。

3.74

在打開冰箱門的瞬間，你會覺得涼快，但之後冷卻系統會運轉，試圖讓冰箱內保持設定的低溫。馬達產生的熱，比由冰箱放出的冷空氣所吸收的還多，因此房間會變得更熱。或許你會耍小聰明，在打開冰箱時拔掉插頭。當然，冰箱裡的啤酒不再保持冰涼，你必須把它們全喝下去！

3.75　黑色的餡餅盤　　　　　♀ 熱吸收與傳遞

為什麼一些裝冷凍餡餅的盤子，底部要漆成黑色的？
若你想做個餡餅，要讓底部的褐色皮脆脆的，為什麼應該用
耐熱玻璃盤而不要用金屬盤？若只有金屬盤，就應該用那種
表面霧霧的，而不是光亮的金屬盤，這是為什麼？你可能已
經知道它的原理，但實際上真的有差別嗎？試一些簡單的實
驗看看。

3.76　阿基米德的死光　　　　　♀ 熱輻射

據說約在西元前 214 年，羅馬人攻打古希臘的叙拉古
（Syracuse，參見 **4.27**）時，希臘科學家阿基米德利用擺在
岸上的鏡子，導引陽光燒掉羅馬人的戰船，救了自己的家
園。假想有很多士兵同時利用鏡子，依次將陽光全部反射在
羅馬戰船上，可使戰船一一起火。
假設阿基米德沒有很大的鏡子，那這種作法還可行嗎？若每
個鏡子是 1 平方公尺，你看需要多少面鏡子，才能讓 100 公
尺外的木頭在 1 分鐘內燃燒？如果目標的距離是可變的，應
該用平面鏡或曲面鏡比較好？若用平面鏡，木頭上陽光的影
像有多大？最後，阿基米德真的能用鏡子燒掉羅馬人的戰船
嗎？

Answer

3.75

黑色、霧霧的表面比其他顏色的光亮表面更快吸收輻射熱，因此黑色的餡餅盤能使餡餅熱得更快。玻璃會吸收大部分照在它上面的熱（紅外線）輻射，因此比光亮的盤子更快加熱餡餅。

3.76

1973年，一位希臘工程師重演當年阿基米德的絕技。他叫士兵操作70面平面鏡（5英尺×3英尺），將太陽光反射到一艘離岸160英尺的小船上。當士兵們準確地對焦後，幾秒鐘內小船就開始冒煙，旋即陷入熊熊火焰中。

作家克拉克（Arthur C. Clarke）將這個想法用在自己的一篇科幻短篇小說裡〈陽光的小把戲〉（A Light Case of Sunstroke）。在一場足球賽裡，每個觀眾都被發給一張閃閃發光的節目單。當場上其中一名裁判做出一項有利於客隊的不公平判決時，憤怒的主場觀眾以他們手中的節目單，將陽光反射於裁判身上，並把他燒得焦黑。

3.77 噗噗船　　　　　　　　　♀壓力 ♀非線性振盪

噗噗船有一種令人無法置信的推進方式。在船的後方，有兩根連著上方鍋爐的管子，管口向後。用蠟燭加熱裝滿水的鍋爐，產生的蒸氣會把管子裡的水往外推，船就會前進。當鍋爐的水燒完後，船應該會停止，但事實上會有更多的水由管子吸入鍋爐，然後整個程序一直重複，因此船會一直噗噗地前進。為什麼水會被吸上鍋爐？而當水被吸上去時，之前前進的船怎麼不會後退？

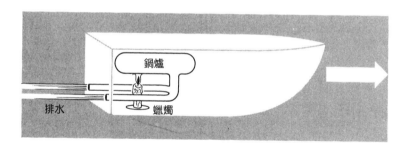

3.78 感覺冷的物體　　　　　　　♀傳導 ♀比熱

所有處在相同溫度下的物體，不是應該有相同溫度的感覺嗎？當氣溫約為 70°F 時，你不會勉強自己再多穿衣服，但若是光著身子坐在乾浴盆裡，即使是相同的溫度你覺得怎樣？有什麼差別嗎？

Answer

3.77

蠟燭把鍋爐裡的一些水燒成蒸氣，蒸氣再把管子裡的水往後射出去，船就往前走。而蒸氣離開鍋爐之後，有些蒸氣被較冷的管子凝結、收縮，因此會再把水吸入管子。但重點在於，當水流入管子時，是從半圓球的各個方向而來，而不是來自單一方向，但水噴出來的時候卻只有一個方向。水的吸入與射出的不對稱，造成了船向前走的淨推進（net propulsion）。

3.78

感覺一個東西有多冷，不但和它的溫度有關，也和它的導熱性（thermal conductivity）有關。當你用手指碰某件冷物體時，它若愈快把你手指的熱量導開，你就愈覺得它冷。

3.79　熱帶地區穿白衣服　　　♀輻射 ♀對流 ♀相變

為什麼熱帶地區的人喜歡穿白衣服（事實也如此）？一般人認為這樣比較涼快。這是真實、可測量的效果嗎？如果他們皮膚的顏色很淺，穿白色衣服會有什麼不同嗎？

太陽給你的熱量，主要來自哪部分？是紫外線、可見光還是紅外線？白色衣服對這些不同的頻率範圍有什麼反應？有多少熱量是直接從太陽來的？多少是來自周圍的環境？最後，若你要穿越沙漠，應該穿白色衣服呢，還是穿得愈少愈好？

3.80　鑄鐵廚具　　　　　♀熱傳導和吸收

有一些古老的廚房迷信，認為鑄鐵的鍋盤瓢盆好過那些不銹鋼材質的。各類廚師、美食家到業餘者，都認為鑄鐵鍋比較不沾黏，而且煮的時候熱量散布均勻。這種說法有物理根據嗎？

3.79

在熱帶地區必須穿衣服，防止被陽光直接曬傷。黑衣服比白
衣服會吸收更多的可見光與紅外線，因此在熱帶地區都穿白
色衣服。若當地水分很充足，衣服要穿透氣性佳的材質，可
協助排汗與水分的蒸發，讓皮膚涼爽。若氣候乾燥，衣服的
透氣性就要差些，避免快速脫水。在赫伯（F. Herbert）的
經典科幻小說《沙丘》（Dune）裡提到，在水分非常稀少的
環境下，沙漠居民穿上雨衣，好「封鎖」身體的水分。

「不是高溫或溼度的問題，只是該死的
連帽長袍居然是 100％純羊毛的！」

3.80

愈厚重的鐵鍋或鐵盤，底部的溫度愈均勻。現代這種很薄的
不銹鋼鍋，在爐火的正上方常會有些不均勻的熱點（hot
spot）。會使食物沾鍋的，就是這些熱點。

3.81 季節延遲　　　♀輻射 ♀加熱 ♀通量 ♀導熱性

為什麼多天冷夏天熱？是因為夏天離太陽較近而多天離得較遠嗎？事實上正好相反。

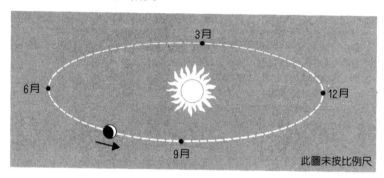

請預測一下哪幾個月份最冷，哪幾個月份最熱。依照一般的解釋，你可能會選11、12和1月最冷，而5、6和7三個月最熱。但若依據氣象紀錄和自己的經驗，我們知道最冷的月份是12月、1月和2月，而最熱的月份則是6月、7月和8月。就像我祖母所說「當日子變長時，會冷得更厲害。」為什麼實際的氣候比預計的晚一個月？

3.82 太空漫步量溫度　　　♀溫度 ♀動力論 ♀輻射

當太空人在做太空漫步時，太空的溫度是多少？若他帶個溫度計，讀數會是多少？

3.81

北半球的冬天寒冷，並不是因爲地球離太陽比較遠（事實上反而較近），而是因爲地球自轉軸的傾斜，使白天較短，太陽在天空的位置也較低。這兩個因素都使太陽射到地球表面累積的熱量減少。但溫度的改變比上兩項因素的改變要延遲一個月，是因爲地表與大氣的冷卻需要一些時間。

3.82

太空人面向太陽的那一面會吸收太陽的熱輻射，因此這一面太空衣會變暖。而他整個身體表面也會向外輻射，因此背對太陽的那一面太空衣會變冷（事實上太空衣有溫度調節器）。放在太空的溫度計，若吸收的熱量比放射的多，就會上升溫度。在地球軌道上，溫度計的讀數應該接近地球上室溫，當然這和它面對太陽的面積多少有關。另外，在你面對一盆火時，也可以體會類似的感覺。

3.83　溫室　　　　　　　　　　　　　　　　⚲ 輻射

溫室的設計是讓植物有比較溫暖的環境，它怎能辦到？需要用特別的玻璃嗎？或任何的玻璃材料都可以？

溫室效應原理有個具爭議性的應用，就是預測大氣污染的結果。例如，在高空的超音速飛機可能引起地球暖化的大災難。這有什麼好特別耽心的？爲什麼大氣中極普通的污染，會引發無法控制的溫室效應？當然，這個主題非常複雜。事實上也有人聲稱，污染不會使地球暖化，反而會使地球變冷，導致另一次的冰河期。在霍耶（Fred Hoyle）出色的科幻小說《黑雲》（*The Black Cloud*）裡，關於雲對於射入地球之陽光產生的效應，有很有趣的計算方法。

3.84　包紮蒸氣管路　　　　　　　　　　　　⚲ 熱損失

通常我們以石棉將外露的蒸氣管包起來，以減少蒸氣管的熱損失，因此我們可能認爲，石棉的導熱性比室內空氣差，不然爲什麼有人肯花錢買石棉來保溫？但事實上，石棉的導熱性比空氣還要好。這樣看起來，好像搞錯了，我們爲什麼用石棉來包蒸氣管呢？

3.83

一般對所謂的「溫室效應」（greenhouse effect）有些誤解。溫室內的溫暖並非因為輻射被玻璃給陷住，而是溫室裡空氣循環的冷卻作用減少或消除了。事實上，玻璃會減少進入溫室的熱輻射通量，而不是把輻射熱關在裡面使室內變暖。但是地球的大氣層卻真的能阻擋熱輻射的散失。來自太陽的短波長輻射比較容易穿透大氣層，而波長較長的熱輻射比較不容易。部分穿透大氣層的短波輻射被大地吸收，加熱地表之後，由地表射出來的，變成波長較長的熱輻射。而這種輻射比較不容易穿透出去，有些就被大氣層阻擋下來了。

3.84

金屬管的導熱效果很好，因此會損失可觀的熱量用在管子周圍的空氣對流。若在管子的周圍包上一層絕緣的石棉，由於石棉的導熱效果比起金屬還是很差，傳熱到管子表面供空氣對流並造成熱損失的情形也會減少。

3.85　為什麼會覺得冷？　　　　　♀傳導 ♀對流 ♀輻射

在寒冷的冬天，若你裸身站在荒野，為什麼會覺得冷？比如說，是你的體熱經由傳導跑到周圍的空氣中吧？為什麼穿件毛皮外套會讓你覺得溫暖？它不也會傳導熱嗎？

在寒冷冬天，你站在屋內面對一大片窗戶，然後轉過身來。一開始你很可能覺得臉比先前還要冷，為什麼會這樣？畢竟室溫不會在你一轉身就馬上改變吧。

在電影「2001：太空漫遊」（*2001: A space odyssey*）裡，有個太空人沒穿太空衣，在太空中漫步了幾秒鐘（原著作者克拉克相信這對太空人沒什麼傷害）。像這樣的太空漫步，太空人會覺得冷嗎？

為什麼有人能適應非常寒冷的情況？事實上，有人為了宗教的理由，或證明自己的堅忍特質，刻意追求寒冷的環境。有個很極端的適應例子，是達爾文（Charles Darwin）發現的南美洲雅根印地安人（Yahgan Indian）。他們僅在肩上披一條毛皮斗篷，在近乎0℃的環境中活動。他們身體上產生什麼物理變化，可以適應這種寒冷？

最後，你覺得很冷的時候，為何會發抖？

Answer

3.85

如果風很弱或沒有風,身體的熱量是以輻射的方式散失的。任何溫度比絕對零度高的物體,都會輻射出熱量,愈熱的物體放出的熱量愈多。物體也同時吸收周圍環境的熱量,而吸收的量隨環境的溫度而變。我們的體溫絕大部分高過環境溫度,因此有淨輻射損失(net radiation loss)。

冷天站在戶外,或面對朝向戶外的窗戶,外面的溫度很低,你吸收到的輻射熱就很少,因此,你的淨輻射損失增加,自然覺得冷。在太空漫步的太空人,若離太陽很遠又沒穿太空衣,由於周圍環境完全沒有可以吸收的熱輻射,會覺得凍澈骨髓。

對於持續的低溫環境,人類可藉由調整飲食,以及調節流到皮膚血液的速率而逐漸適應。愛斯基摩人攝取含高蛋白質的飲食,因此有較快的基礎代謝作用,以對抗嚴寒。為防止熱量由皮膚快速散失,輸送血液至皮膚的微血管會收縮,減少流向皮膚的血液量。若四肢的溫度降得太快,身體會打顫,而活動會使四肢變暖。

除了輻射之外,散失體溫的途徑還有傳導(例如由腳底傳熱給冰冷的地面)和對流,包括 **3.50** 討論過的汗水蒸發。毛皮外套可協助保暖,因為毛裡的氣穴(air pocket)導熱效

果很差，不易讓體溫散失。但若風很大，氣穴的保暖效果就會大打折扣。穿皮草保暖的最正確方式，尤其在風大的時候，是把它反穿，讓有毛的面在裡面，這樣風就不會破壞毛皮裡氣穴的絕緣效果。

「他裸奔！」

3.86　暴風雨的風向　　　　　　　　　💡對流

「你不必靠氣象預報員，就可以知道風由何處吹來」

——迪倫（Bob Dylan）

摘自《隱慝的鄉愁》（*Subterranean Homesick Blues*）

當數英里之外有個暴風雨朝你接近時，風是往風暴的方向吹，還是反方向吹？很可能你會發現當暴風雨接近時，風向會改變，爲什麼會這樣？

3.87　手指發出的銀波　　　　　　　　💡對流

用一個矮矮的廣口罐裝些甲醇，然後在裡面灑少量的鋁粉，再將蓋子旋緊，放入冰箱裡。等它完全冷了之後，從冰箱拿出來，試試看用你的手指接觸邊緣，會有一道銀色的波形成，由手指的位置擴散出去。是什麼產生這道波（鋁粉只是爲了讓它顯現）？若情況相反，在室溫下，拿一塊冰塊接觸瓶壁，會發生什麼事？

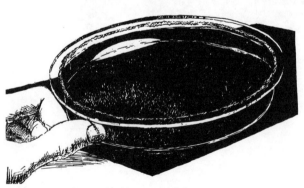

3.88　樹頂上的蟲聚　　　　　　　　♀對流

黃昏時，樹頂上常可見到一片黑壓壓的飛蟲聚在一起。這些
黑色羽狀柱雖然看起來有點像炊煙，但仔細觀察卻是一大群
小飛蟲，通常是蚊子，聚在樹頂。這羽狀柱通常是垂直的，
非常明顯，甚至像樹著了小火一樣。牠們有時也出現在電視
天線或教堂尖塔上，據說還曾有消防隊誤以為教堂失火而趕
去滅火呢。為什麼會形成這些昆蟲羽狀柱？

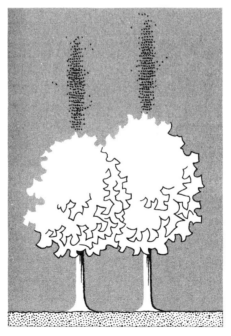

Answer

3.86

若雷雨雲（thundercloud）離你有數英里之遙，你會覺得風是朝著風暴吹，因為雷雨雲的前緣是向上的氣流。當雷雨雲很接近的時候，風吹的方向是遠離風暴的，這時候向下的冷空氣是被雨水帶下來的。

3.87

手指的溫度使接觸點鄰近的盤內液體密度突然減小，附近比較冷而密的液體馬上流過來取代這部分液體。暖液體就從表面擴散出去，等到變冷後再沈下來。而鋁粉使液體循環的情形更清楚地顯現出來。

3.88

黃昏時分，樹是暖空氣的貯存庫，會以對流方式將溫暖的熱空氣往上排放。昆蟲可能是被這些溫暖空氣所吸引，也可能是因為氣流上升後水氣遇冷凝結，凝結的水氣把昆蟲吸引過來。

3.89　蝦的聚落與摩天輪結構　　　　　♀對流

在淺海水裡，有些蝦子會一大群一起向上游，看起來也像個羽狀柱。這些蝦群羽狀柱，有時大到好幾立方公尺，總是在水底的石頭上出現。更奇怪的是，牠們不出現在陰暗、照不到陽光的石頭上，而總會在牠們出來曬太陽時才看得到。

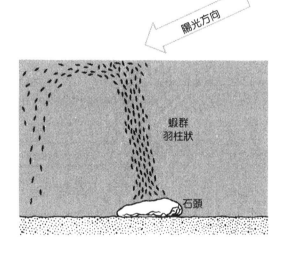

除此之外，蝦群的羽狀柱總會背離陽光彎曲。因此我想問的問題很明顯，為什麼蝦子只群聚在照到陽光的石頭上？若牠們很喜歡陽光，為什麼羽狀柱會偏離太陽？

有時向上游的蝦群會多到接觸水面，這時羽狀柱會分離，像摩天輪一樣向下彎曲，又游回水底。為什麼蝦群會返回羽狀柱，而像「乘摩天輪」一樣繼續這種日光浴模式？

3.89

陽光將水底的石頭加熱，溫暖、密度較小的海水便會往上升，形成一股對流水柱。

蝦子顯然喜歡較溫暖的水（它裡面或許帶有很多有機成分），但不喜歡陽光。因此牠們隨溫暖的對流水柱往上聚集，卻偏離陽光，而且當抵達水面有陽光的地方，便背離陽光向下彎曲。

3.90　中暑　　　　　　　　♀相變 ♀潛熱 ♀人的熱轉移

如果你曾在夏天的正午到戶外割草，就像我以前在德州所做的，你一定會奇怪我們身體是如何保持體溫的。在重度的體力勞動時，身體每小時可以產生 1400 仟卡的熱量。如果熱量不能好好地發散掉，每小時體溫可能上升 30 ℉。當然若真的這樣，很快就會一命嗚呼。我們身體是怎麼散熱的？你能追蹤它的散熱途徑嗎？

正午在室外割草，每週一次就夠辛苦了，我每次都熱得口乾舌燥，筋疲力盡，但卻有人天天如此而不以為苦。因此，身體一定能漸漸習慣在炎熱的環境下工作。這時到底發生了什麼事？體內熱量產生的速率是一樣的，因此散熱的機制一定有些改變。

由於溼度低，德州的酷暑通常還可以忍受。為什麼在溼度高的地方，會不舒服得多？

3.91　拍立得彩色顯像　　　　　　　　♀輸運和溫度

在寒冷的日子，若想要照彩色的拍立得相片，必須事先把顯像用的金屬盤用身體加溫。不然的話，照片的色彩不能平衡，因為顏料的溫度太低，沒有足夠時間達到正片，顏色就不太對。為什麼溫度會影響顏料輸運的時間？

3.90

增加流往皮膚的血液量以及排汗是身體主要的散熱方式，但這些反應會產生一些或輕或重的失調。流往皮膚的血液量增加，可能會導致流到腦部的血液量減少，使人頭暈，特別是突然站起來的時候。而排汗造成的鹽分消耗，會讓人反胃、抽筋，甚至引發循環功能障礙。

如果流汗的損失有2%身體水分之多，人會非常口渴；若損失約7%，循環功能就會出問題，瀕臨休克。身體過熱會產生同樣的症狀，讓人衰竭，甚至可能死亡。

3.91

在適當的顯影時間裡（以過去的拍立得彩色相片為例，約需1分鐘），顏料分子必須擴散250微米（1微米＝10^{-6}公尺）的距離，才能由負片抵達正片。分子擴散一段固定距離所花的時間，和它走多快有關，也就和溫度的高低有關。較冷的天氣裡，分子走得慢，因此顯像時間會拖長。

3.92 冷卻咖啡　　　　　♀冷卻 ♀傳導 ♀輻射

若現在離上課還有五分鐘，而你想泡杯熱咖啡上課喝。你希望喝的時候咖啡愈熱愈好，應該現在放奶精，還是臨上課時才放？該什麼時候放糖？何時攪拌？要拌多久？若你不想攪拌，要不要把湯匙拿出來？湯匙是金屬的或塑膠的有沒有差別？

如果奶精是黑色而不是白色，你的答案會不會變？你的答案和杯子的顏色有沒有關係？可能的話，提出一些數字來證明你的答案。

3.93 被加熱房間裡的總動能　　♀動力論 ♀理想氣體定律

爐子會使室內的空氣變暖，而它也會使空氣的總熱能增加嗎（熱能就是空氣分子的動能）？由於空氣的熱能和它的溫度有關，空氣若變暖，它的總熱能應該會增加。聽起來很有道理，但一個有關這問題的討論卻認為總能量並沒有改變，怎麼會這樣？

Answer

3.92

若你想在課堂開始後才喝咖啡，且愈熱愈好，就慢點加奶精，它會讓咖啡變冷。糖的溶解也會使咖啡變冷，因爲溶解會消耗能量。攪拌咖啡會把熱的咖啡更快帶到表面及杯壁上，因此比不攪拌的正常對流要涼得多。

金屬湯匙不但會吸熱，還會把熱自咖啡傳導到外部，以空氣對流及輻射方式散失到室內，咖啡當然冷得更快。既然黑色物體比白色物體輻射更多熱，白色咖啡就會冷得慢些，同理亦可思考黑色或白色咖啡杯的影響。這些因素的相對重要性顯然都和咖啡無關，你何不實驗看看？☺

3.93

房間內空氣分子的總動能（稱爲平移動能，translational kinetic energy），和分子數目與室內溫度的乘積成正比。而假設空氣是理想氣體，總動能也和室內體積與空氣壓力的乘積成正比。當你加熱室內空氣時，房間的體積當然沒有變，而房間通常不可能密封得非常好，會與外面的大氣相通，因此室內的壓力也沒變。既然房間的壓力和體積皆沒變，空氣分子的總動能當然也不變了。這種總動能不變的情況，只有在溫度變高之後，有些空氣分子被迫跑出去，室內空氣分子的數目減少，才有可能發生。

3.94　熱島　　　　　　♀對流 ♀傳導 ♀輻射 ♀潛熱

為什麼城市的氣溫比周圍的鄉間高 5 到 10 ℉（參見下圖）？除了城市裡熱源的製造原本就多外，它的高樓大廈、大面積的石材或水泥、快速排水和除雪系統、灰塵濃度與常有的煙霧等等，這些對溫度差異有什麼影響？

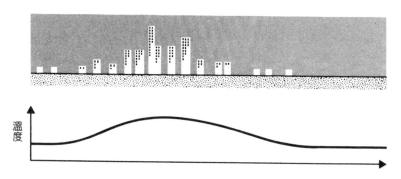

不管城市的規模大小，對城市溫度分布作圖的氣象學家發現，在城市的中心區常有個「熱島」（heat island）存在。遠離熱島的郊區和鄉間，氣溫會降低下來。因此有人對此做個結論，春天來臨時，無怪乎市中心的花會開得較早。

3.95　果園裡的燻爐　　　　　　　　♀輻射

當果園的主人害怕果樹可能受霜害時，會在果園裡整夜燃著燻爐，為什麼？由於燻爐放離果樹很遠，顯然不會有足夠的熱使果樹溫暖。那麼重點何在？白天要不要燃燻爐呢？

Answer

3.94

都市比鄉村甚至它的近郊熱，有幾個原因。都市的蒸發作用較少，而蒸發的潛熱損失具冷卻效果（參見 **3.50**），因此都市的冷卻狀況較差。都市街道的被覆面與房屋所用的建材，都比泥土更會儲熱。也由於都市建築物高聳、結構複雜，通常風比較少。另外還有一些較次要的因素，例如多天城市除雪的速率比較快，以及城市裡有較多會發熱的機械設備（包括汽車）等。

3.95

果園主人在黃昏太陽下山、地面被加熱一整天後，點燃驅蟲用的爐子。爐子產生的煙霧會吸收由地面輻射出來的熱，再輻射（reradiate）給地面，因此熱就被陷在地面與煙霧之間，果樹也得到保護。比起沒有燒燻爐、地面直接熱散給大氣的情況下，燒燻爐的果園，果樹顯然冷得較慢。自然的雲也有類似的效果。

3.96 覆雪禦寒 ♀傳導 ♀對流

為什麼農作物上若已有一層覆雪，可防止突然降雪的損害？

3.97 原子彈造成的火災 ♀外殼定律 ♀大氣傳遞

「核爆對生命的許多威脅當中，……最危險的可能是它會引發無數的大火。一個百萬頓級的核爆，可引燃15公里之內的衣服、紙張、木材和其他可燃物質。而目前的核武器發展迫使我們必須訂定更大規模的災害等級。這種燃暴不但會發生在人煙稠密的地方，還會使災區擴大，至所有的生命、財產損失殆盡為止。……」

——紐約《學院報》（*Academic Press*）報導

但若你離爆炸地點有幾公里之遙，則你有足夠的時間（至少3秒鐘），躲到某個障礙物後面保護自己。首先，爆炸引起幾公里之外火災的真正原因是什麼？第二，這種火災為什麼比爆炸時刻晚這麼久？

Answer

3.96

雪層不是很好的導熱體，因此有絕熱效果，可以協助保持大地（以及所覆蓋的農作物）的熱量，不受雪層上方更冷空氣的寒害。

3.97

核爆的火球會引發火災，是來自可見光和紅外輻射的照射。在爆炸後第 1 秒，火球非常熱（最初大約有 500,000K），由它發出來的電磁輻射波大都是紫外線範圍的波長。但紫外線很容易被空氣吸收，因此不會離開爆炸區太遠。

當火球擴大、冷卻時，發射的電磁輻射會轉移成波長較長的波，因此放出來的輻射是可見光與紅外線，兩者都是由空氣傳遞的。它們的強度大約在爆炸後 2 到 3 秒鐘，就能讓木頭之類的可燃物燃燒。幾乎用任何東西擋住身體，避免光線直接照射，就可以大幅降低身體的燒傷。以廣島與長崎的原子彈爆炸結果來看，很多人的皮膚都受到嚴重燒傷，而受到衣服保護的皮膚，卻幾乎免於傷害。

📖 外肽定律（Wien's law），當波長為某一值時，黑體每一單位波長的輻射強度達極大值，這輻射強度與溫度的五次方成正比。

3.98　晶體生長　　　　　　　　　晶體成因

為什麼晶體生長時需要在過飽和的溶液裡，添加小微粒物質，或許是雜質，才能使晶體開始生長？

3.99　雪花的對稱　　　　　　　　晶體成因

為什麼雪花有六個邊（六邊形或六角星形），而且為什麼它的六個邊都相等？當雪花成形時，其中一邊怎麼知道隔壁那邊長什麼樣子？

3.100　兩個互相吸引的玉米小甜圈　　表面張力　潤溼

當兩個漂在牛奶上的喜瑞兒玉米小甜圈靠近時，會迅速互相吸引在一起。什麼力使它們互相吸引？若使用不同的液體，漂浮的玉米小甜圈有可能互相排斥嗎？

3.98

雜質能做爲晶體成長的核，當成吸附分子的起點。

3.99

雪花的六邊形結構，是由構成雪花的水分子其六邊形鍵結力所造成的。一旦最初的晶體形成，水氣分子會散布並聚集在晶體的邊緣，並向外成長，構成分枝結構。爲什麼會長成某種特殊型態，而不是另一個樣子，視雪花下降的速度、溫度以及水氣的多寡而定，但我們還未完全了解眞正的原因。因爲雪花都是對稱的，因此加入分子與分枝成長的條件，對雪花的另一側而言亦是相等的。

3.100

由於毛細作用，兩個喜瑞兒小甜圈之間的牛奶會升高，而牛奶的表面張力產生一個水平方向的拉力，把小甜圈拉在一起。

3.101　農地的耕耘　　　　　　　　♀毛細作用

爲什麼乾燥地區的農地通常需要耕耘（就是把表土犁過，並把它翻成比較鬆散的結構）？如果腳印完好地留在耕耘過的土地上，足跡下的泥土則會又硬又乾，爲什麼會這樣？

3.102　液體表面的曲率　　　　♀表面張力 ♀潤濕

有些液體在靠近玻璃容器的邊緣時會向上彎曲，有些則會向下凹，爲什麼會這樣？什麼力讓這些液體往上拉或凹下去？這些向上和向下彎曲的基本差異（在微觀或原子大小的尺度上）何在？你能預先算出液體可能的表面彎曲傾向嗎？

有些液體滴落在玻璃表面上，會保持液滴的形狀，是什麼力不讓它們散開？在這種非潤濕（nonwetting）和潤濕液體間有什麼基本差異？最後，當非潤濕液體滴落在平面上時，是什麼形狀？

假設一種非潤濕液體在一凹槽裡，如右圖，你認爲會是什麼形狀？或者視凹槽的角度而兩者都有可能？若是如此，在什麼角度下液體是平的？

3.101

泥土必須翻鬆才能留住水分。一塊紮實的泥土會有許多小裂口，產生毛細作用。當水分爬到泥土表面時，會蒸發而損失掉。犁過的泥土開口大得多，毛細作用較弱。

3.102

容器裡的液體表面若向上拱起，表示容器分子與液體分子之間的附著力，強過液體分子之間的附著力。如果容器裡液體的表面向下凹，則情況正好相反。對分子力作用的相同考量，可以說明為何液體在某些特殊的表面上會保持水滴狀態，或者散布開來。

3.103　樹液在樹幹裡上升　　♀滲透壓 ♀大氣壓力 ♀負壓

為什麼樹液在樹幹裡會上升？特別是那些非常高的樹（有些紅木可以長到360英尺高）。當然樹根和樹葉之間有壓力差，但為什麼有這個壓力差？樹的作用是不是像個抽水泵？若如此，抽水泵的最大高度只有33英尺，那麼應該不會有高過這個限度的樹囉？一定有別的機制牽涉在內！

3.104　花園裡長石頭　　♀毛細作用 ♀滲透壓 ♀冰凍水

如果你做過園藝工作，可能會覺得奇怪，花園裡似乎會長石頭，每年春天都要為花園清一次石頭。當然有些花園沒有這項困擾，但有些地區則情況明顯，例如美國的新英格蘭地區。弗羅斯特（Robert Frost）的詩作〈補牆〉（Mending Wall，見**3.105**）就是寫關於長石頭的故事。

這些石頭顯然是由土壤底下的岩床遷移上來的，但為什麼會這樣？石頭當然比土壤重，應該會往下沈才對呀，怎麼反而往上？什麼力量使石頭跑上來？

3.103

上個世紀的人以為樹幹裡的汁液是靠大氣壓力拉上來的，現在知道其實不然，我們現在相信它是來自一種負壓（negative pressure）。當水分子由樹葉蒸發之後，另一個水分子就移到樹葉表層，取代原先水分子的位置。分子之間有股很強的力量，將水柱由根部開始，往上拉動。

3.104

地下的石頭往上升是因為在冬天會發生一種冰凍—解凍循環。當地面結冰時，冰凍線（freeze line）穿透泥土往下降，而下面的水氣會藉由擴散作用被拉向冰凍線。當冰凍線碰到石頭時，由於石頭的導熱性比泥土快，冰凍線降過石頭的時間會比旁邊的泥土快，因此石頭底部比同水平的泥土先冰凍。先冰凍表示較多的水氣會先被拉到這裡來冰凍，而冰凍時的膨脹，使石頭比旁邊的土壤被向上推得更高。當大地解凍時，石頭旁的鬆軟泥土會填到石頭下方，使保持在它新的位置上。經過很多次這種冰凍—解凍循環，終於把石頭推出地面。

3.105 冬天時的路面皺曲　♀滲透壓 ♀毛細作用 ♀凝固

「有些東西不喜歡牆，
它們命令冰凍的大地拱起來，
在陽光中讓圓石溢出表層。」

——摘自弗羅斯特詩作〈補牆〉

選自《弗羅斯特詩集》(*The Poetry of Robert Frost*)

若你在北方住過，一定見過冬天時有些柏油路面會隆起、裂開甚至整條路傾斜。有時可隆起1英尺高，這是什麼原因？我的第一個反應就是路面下的水可能因冰凍而膨脹，把路面拱了起來，但仔細想想，要很多水才能拱成這樣子呀，因此這個解釋顯然難以接受。真正原因何在？

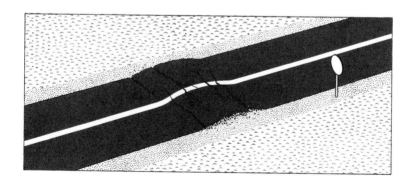

3.106　長在地面的冰柱　　　🖈滲透壓 🖈毛細作用 🖈凝固

你有沒有看過長出地面的冰柱？大約有1.5英寸高。若仔細
觀察，可以發現冰柱的頂端有一小片的泥土或幾顆小卵石。
奇怪的是，當冰柱形成時，地面通常都沒有結冰，而且很潮
溼。是什麼使這些冰柱生長？若溫度低到會結冰，地面上不
是應該也覆層冰嗎？最後，冰柱的高度受什麼限制？

3.107　肥皂泡　　　　　　　　　　　🖈表面張力

是什麼讓肥皂泡聚在一起？它們真的是球形的嗎？泡泡裡的
壓力是什麼？肥皂泡在空氣裡會上升或下降？泡泡最可能先
破的是表面哪個部分？

3.108 顛倒肥皂泡 ♀表面張力 ♀浮力

所謂顛倒肥皂泡（inverted soap bubble）是指和正常肥皂泡的水與空氣位置相反，水在裡面而「空氣殼」包在外面。做這種顛倒肥皂泡並不難，只要很小心地將肥皂水離一盆水面幾公釐處倒入即可。如果你倒得很慢，水滴會跳躍掠過水面。若你倒得稍快些，水滴會穿透水表面，然後留在水裡，外面包裹一層空氣殼，成為顛倒肥皂泡。

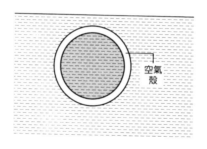

這種顛倒肥皂泡會像正常肥皂泡那樣有顏色嗎？它的空氣殼厚度均勻嗎？它在水盆裡會上升或下降？最後，你認為內部的肥皂水會持續蒸發到外面的空氣殼裡，使整個泡泡瓦解嗎？

3.105 & 3.106

一開始，路面下因水分冰凍造成的膨脹占路面「凍脹」
（frost heave）的11%。但接著冰凍區下面經由土壤孔隙遷
移過來的水分冰凍、膨脹，使隆起快速增大。如果上面的土
壤沒受束縛或蓋住，冰的結晶會把冰柱往上推，使冰柱突出
地面1或2英寸。

3.107

肥皂泡是藉表面張力聚在一起。因為水會往底部流，泡泡的
頂端會薄得比較快，最可能先破掉。肥皂泡裡的氣壓比外面
氣壓稍大，因為泡沫的表面張力有一部分是向中心收縮的，
會把表面往內壓。

3.108

顛倒肥皂泡有時稱為「反泡泡」（antibubble），到目前還沒
有很多的分析。表面張力把泡裡的水拉成球形，以防止兩側
的水流過空氣殼。

3.109　石牆的接地線　　　　　🍳毛細作用與滲透力

石牆都比較潮溼，尤其在接近地面的地方。預防的方法是用
一條金屬線，牽接在一根插入地上的金屬棒，像下圖那樣。
這個裝置裡只有金屬線與金屬棒，沒有任何電池或電源供
應。為什麼以這種方式接地就可以預防牆壁潮溼？

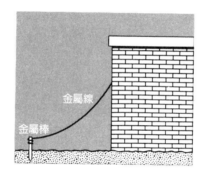

金屬線

金屬棒

3.110　蠟燭熄滅前的閃爍　　　　🍳毛細作用

為什麼很多蠟燭，尤其是小蠟燭，在熄滅的前一刻，火焰會
閃爍搖晃並發出輕微爆裂聲？是什麼決定了閃爍的頻率？

3.109

毛細作用會把水往牆上拉一段距離。當毛細水柱蒸發時，水柱頂端會沉澱出溶解的鹽類，它產生的滲透壓會把水進一步往上推。若把這種高鹽度的區域用一條金屬線，連接到地上的正電區，就會把滲透效應消除。

3.110

如果火焰太大，由毛細作用送上燭芯頂端的蠟油就不夠供燭焰燃燒。一旦火焰減小，燭芯的蒸發作用就減弱，燭芯供應的蠟油就變得比消耗掉的還多，因此火焰又會變大。當燭芯粗 2.5mm、長度在 1.5mm 到 5.0mm 之間時，振盪會發生。燭芯的長度愈短，振盪的頻率愈高。因為愈短的輸運距離，對火焰改變的反應愈快。

3.111　塵爆　　　　　　　　　　🔍燃燒

我在大學時最喜歡的一個惡作劇，是把室友檯燈的燈泡拿掉，然後用一個完整的短路線路和一袋麵粉取代。這個線路在電燈開關打開的時候，會產生一個很小的火花。就在那個倒楣鬼室友要進來前，我把麵粉袋搖一搖，讓麵粉鬆散變成粉塵。你能想像嗎？當他一開燈，「碰」的一聲火花，發生塵爆，剎那間，房裡全是麵粉。某些工業、全是粉塵的廠房裡，有時會靜電累積產生火花，發生塵爆，造成很嚴重的災害。在這兩個例子裡，為什麼火花會引起粉塵爆炸。

3.112　戴維採礦燈　　　　　🔍燃燒 🔍熱傳導

礦工在坑道裡所用的燈火具有開放式火焰，若接觸到爆炸性的氣體，就會引起爆炸。但若像左圖那樣，用個細鐵網幕放在火焰座上方，就可以避免這種危險。這道細鐵網幕當然無法防止爆炸性氣體和火焰接觸，但的確能避免爆炸，這是怎麼回事？

Answer

3.111

和本來成塊狀的物質比較，因個別粒子表面積與體積的比率巨幅增加，一個火焰或火花會立刻使個別粒子達到燃點。此時若有充分的空氣供應，就會迅速產生爆炸性的燃燒。

3.112

鐵網很快地就把火焰的熱傳導開來，因此火焰無法延燒到鐵網外面。可燃氣體還是會漏進鐵網裡，但供火焰燃燒後剩下的體積已不足以引起爆炸。

3.113　多邊形的泥裂

♀應力 ♀乾燥

你常看到乾泥土的裂痕吧，有沒有想過爲何有這些泥裂（mud crack）？或者試著解釋它們的多邊形狀？有時候多邊形的邊緣會捲起來，更有些會形成管狀，離開表面滾落一旁。

自從可以使用飛機做空中攝影後，我們發現一些定期乾涸的沙漠盆地底部，也會出現巨大的多邊形泥裂。所謂巨大，是指有些邊長可達 300 公尺，裂縫本身有 1 公尺寬、5 公尺深的泥裂。

爲什麼會形成這種泥裂和管狀結構？若地面裂成多邊形，如一些人所爭論的，會因爲某種原因使多邊形傾向成爲五邊形或六邊形？換句話說，當兩條裂縫相交時，有沒有優先形成的角度？

3.114　大地冰裂

♀應力 ♀凝固

你在大地上可以看到的花紋不僅泥裂而已。例如在極地或靠近極地的永凍土也會有多邊形的裂痕。在這情況下是什麼引發裂痕？而裂痕的相交有沒有什麼優先的角度？

3.113

泥土乾燥的時候會收縮，因此會在表面以及表面下的某個深度產生應力，這些應力能使泥土裂開。平均而言，兩條泥裂的交角應該是直角。因為當第一條裂痕出現後，第二條裂痕的方向應該垂直於第一次裂痕的最大張力方向。

3.114

和泥裂類似（見 **3.113**），當天氣突然變冷時，冰凍的大地也會收縮，產生冰裂。

3.115 石綱　　　　　　　　♀凝固 ♀膠態懸浮

大地的花紋還有一個例子值得一提，就是石綱（stone net），是由一些石頭所排成的圓形或多邊形。是什麼原因使零亂分布的石頭排裂成幾何形狀？

3.115

雖然有好幾種論調，但石綱的真正成因並不清楚。例如，地面的凍脹（見 **3.105**）可能使原先零亂分布的石頭，滾到凍脹的外圈，圍成圓圈。

或者，原本在石頭堆中間的小空地，會比有石頭的周圍地面吸收更多的水，而當這些水冰凍而膨脹時，會把石頭輻射狀地朝外推。

3.116　生命與熱力學第二定律 🔎 熵

「當你停在某個既定的位置，事物與人紛紛變成碎片圍繞著你。」

——塞利納（Celine）

在熱力學裡，我們學到了「熵」這個熱力學函數，它是一個系統的無序度量（measure of disorder）。在不可逆的過程裡，熵值總是增加的（熱力學第二定律，也就是熵增加原理，principle of entropy increase）。那萬物的誕生與生命又怎麼說？人的出生和成長不是違反這個定律嗎？在這個過程裡，秩序不是會增加嗎？對所有生物在幾百萬年來的演化過程來說，不是也違反這個定律嗎？

「現在，我們要談到熱力學第二定律……」

—Answer—

3.116

雖然許多物理學生都很熟悉這個問題，但卻忽略了一項重要的事實：一個生物系統（例如說，你），並不是獨立的熱平衡系統，必須持續有能量輸入來維持自身。能量流經這個系統，能讓系統組織起來，因此熵會減少，但是全世界總熵的改變將會增加。生物系統裡熵的減少之詳細數學分析，在這些年來的研究裡都可以看到。

📖 熵（entropy）是在熱力學與統計力學中，用來度量一個系統無序程度的物理量。在微分（微變化）可逆過程中，熵的改變等於系統從外界所吸收的熱量與系統的絕對溫度之比。在不可逆微變化過程中，這個比小於熵的變化。

第 **4** 章

噓！聽聽怪物的聲音

4.1 吱吱響的粉筆 　　　　　　　　♀振動 ♀摩擦 ♀共振

為什麼沒有正確握好的粉筆寫起來會發出尖銳刺耳的吱吱聲？為什麼粉筆的下筆方向會造成不同的聲響？是什麼決定我們聽到的音調？

為什麼有的門也會吱吱作響？還有汽車由靜止突然加速時，輪胎會發出刺耳的吱吱聲？

4.2 酒杯上的手指 　　　　　　　　♀共振 ♀振動 ♀摩擦

當你用溼溼的手指在玻璃酒杯的邊緣摩擦時，為什麼會發出聲音？到底是什麼原因使酒杯出聲？為什麼手指要溼潤卻又不能油油的？什麼決定了音調的高低？酒杯邊緣的振動是縱向的（longitudinal）或是橫向的（transverse）？最後，當酒的振盪圖樣落後手指45°時，會得到波腹（antinode，即最大振幅），為什麼？

Answer

4.1

在這些例子裡聽到的聲音都來自「黏住」與「滑開」。例如，當粉筆握得不正確時，粉筆會先黏在黑板上，但當寫粉筆的人用力夠了，粉筆就有足夠的彎度，忽然開始滑動，然後振動，因此粉筆會規律地敲擊在黑板上，而發出我們聽到的吱吱聲。當振動減低時，粉筆和黑板間的摩擦力會增加，直到粉筆又黏在黑板上為止。

4.2

手指的摩擦引發縱向振盪，就是沿著酒杯邊緣的周圍而振動。而酒杯壁本身是橫向振盪，也就是振動的方向和杯壁垂直。這橫向振盪是朝酒杯的內、外兩方向，引起杯內的液體振動起來。橫向振盪的波腹，也就是液體振盪的波腹，比縱向振盪的波腹落後45°。而手指的位置正是縱向振盪最大的地方，也就是縱向振盪的波腹，因此液體的振盪會落後手指45°。

4.3　雙面鼓振動

⚲ 耦合振盪

那種印地安人用的兩面咚咚鼓，若只在一面敲打，兩面都會振盪起來，即使這兩面鼓可能不在同一時間一起振盪。顯然振盪是由一面傳遞到另一面，且每一面都會有規律地振盪、減弱或幾乎停止。怎麼會這樣？你認為兩邊鼓面的振盪是和應（sympathy）的嗎？當能量在兩面鼓之間往返傳遞時，是由什麼來決定振盪的頻率？

4.4　唱片裡的低音

⚲ 諧運動

當我們把唱機的聲音關小，音樂直接從唱針流瀉出來時，我們聽得到音樂裡的高音，卻幾乎聽不見低音。放大器可收到這種微弱的低音信號，再把它放大，而放大的倍數顯然比高音大很多。什麼理由讓唱片裡的低音這樣微弱？

4.3

假設開始時只有一個鼓面在振盪，另一面是靜止的。振盪的
鼓面推動它們之間的空氣，會引起另一側鼓面開始振盪。當
第二面鼓開始振盪時，同樣會引起兩者中間的空氣振盪，這
會干擾第一面鼓的振盪，使它終於停下來，這時第二面鼓的
振盪達到最高值，第一面鼓則完全靜止。接著情況就反過
來，空氣把第二面鼓的振盪又傳給第一面鼓了。

4.4

若想把低音壓入唱片裡，使它和高音有同樣的強度，則需要
刻針的振盪，但這樣的振盪會使之進入隔壁的凹槽裡，製作
起來有困難。

4.5　呼嘯的沙　　　　　♀振盪 ♀剪力

在世界許多地方，例如英國的一些海灘，當沙在移動時有時
會發出呼嘯的聲音。有時這種呼嘯聲若有似無，但我不知道
它是怎麼來的。是否有些沙粒的形狀特殊，使它共鳴而發出
聲音？

4.6　轟隆作響的沙丘　　　　♀振盪 ♀剪力

沙丘偶爾會發出這種很奇特的「轟隆」聲。在原先很安靜的
沙漠裡，有時沙丘會猛然發出巨大的轟隆聲，使得同伴之間
必須大聲喊叫才能交談。拌隨著聲響，沙丘的下風側會開始
崩落。接著，沙丘就開始移動位置，這在沙漠裡是稀鬆平常
的。是否在某種情況下，某樣的崩落會使沙產生很大的振動
而發出聲音？

Answer

4.5 & 4.6

在這兩個例子裡，聲音顯然來自沙的振盪，部分的沙在剪力
下開始移動時就會這樣。

當我們站在沙灘時，腳下的沙會受到向下的壓力；而當沙丘
有小部分崩落時，有些沙會不知不覺地滑過其他的部分。雖
然發出轟隆聲響的機制不太明瞭，但顯然多與顆粒大小均勻
的球形沙粒有關。

4.7　克拉尼圖形　　　　　♀振動 ♀駐波

在一塊中心點有支撐的金屬板上散置很多沙粒，然後用一把
弓弦在邊緣滑動，板子上的沙粒會紛紛跳動，形成各種各樣
的幾何圖形，這就是克拉德尼圖形，為什麼？「這沒什麼，
只是弓弦的運動在板子上產生駐波而已。」你或許會這麼
說。但我們若以更細的灰塵來代替沙，在同樣的弓弦運動
下，灰塵的圖樣和砂粒截然不同，這又怎麼說？甚至我們把
灰塵和沙混合放上去，它們會分別排列出自己的圖形。

克拉尼圖形，有些圖形的形成，
須將板子的支撐點由中心移往其
他地方。

Answer

4.7

當弓弦在金屬板的邊緣拉動時，會使金屬板發生振動。而振動的形式和金屬板的形狀以及它的支撐、固定點位置有關，板子上某些地方的振動最大（波腹），有些位置是不動的（波節，node）。拉動弓弦時，最初在波腹位置上跳動的沙粒紛紛被移動到波節的位置，最後全停留在節點上而顯示出振動的圖形，這就是克拉尼圖形。

至於灰塵，情況也一樣，只不過它是由振動所引起的空氣擾動來搬運的，而不是振動本身。空氣擾動的形式和金屬振動不同，在波節位置的擾動最大，而在波腹的地方最小，正好反過來。因此氣流會由波節向波腹方向「吹」，灰塵便會在波腹位置上集中、塵埃落定。

📖 克拉尼圖形（Chladni figure），取名自德國物理學家克拉尼（Ernst Florenz Friedrich Chladni, 1756-1827），他對於聲學的基礎理論做了開創性的工作，被譽為「現代聲學之父」。1809年，他特別在拿破崙一世面前表演，以小提琴弓代替銼刀振動金屬板，使沙粒排列出對稱的美麗圖案，即為著名的克拉尼圖形。

4.8 五弦琴的撥彈和豎琴的指彈　⚲弦振動

為什麼五弦琴的聲音清脆而豎琴的聲音柔細？這兩種弦樂器的發音方式不太一樣，五弦琴用撥片彈奏而豎琴以手指彈奏。這有什麼區別？

4.9 拉橡皮筋　⚲弦振動

若你把吉他的弦上緊，彈出的音調會變高；但把橡皮筋套在姆指和食指上，做相同的事，又會如何？當它拉得更緊，音調會變高嗎？不，基本上它的音調是不變的，若音調真的改變了，只會變得更低。橡皮筋和吉他弦為什麼會有此分別呢？

4.8

用指甲或撥片彈奏五弦琴，比用手指彈豎琴能產生更高頻率的諧音。這些高頻諧音就是五弦琴清脆音質的特色。

4.9

振動弦的頻率與弦的密度、長度和張力有關。在絞緊吉他弦時，前兩項因素沒有改變，但是張力升高了，因此振動的頻率也升高。但如果拉伸的是橡皮筋，影響振動頻率的三項因素全都改變了，使它的振動頻率在根本上不會有什麼改變。

4.10　拉小提琴

⚲弦振動 ⚲摩擦

像個吉他手那樣直接用手指彈弦，似乎是讓弦振動的好方法。但讓弓弦滑過小提琴，琴弦的振動顯然更加平滑，這是怎麼回事？小提琴的音調是和弓弦的壓力有關？還是速度？

4.11　拉線電話遊戲

⚲弦振動 ⚲共振

小時候玩過拉線電話的遊戲嗎？鐵罐的大小和線的鬆、緊與材質對聲音的傳遞有什麼影響？使用拉線電話比起沒有繩線的話筒，大約多傳遞了多少能量呢？

Answer

4.10

小提琴的弓弦交替地敲擊琴弦並滑開，使得琴弦在弓弦滑開的時候發生振盪。

4.11

聲波使鐵罐振動，此振動會沿著線傳遞，使接收端的鐵罐振動，發出的話就被接收到了。但鐵罐卻沒辦法反應出對話的低音部分，因此這部分的頻率另一端收不到，而使你的聲音聽起來變細、變薄了。

4.12　沸水的聲音　　　　　　　　⚲ 振動 ⚲ 相變

當我燒水煮咖啡時，由水的聲音可知道它快要燒開了。首先它發出一種嘶聲，聲音會逐漸加大，但後來便被另一種更刺耳的聲音取代。當水要開始沸騰時，刺耳聲反而微弱下來。你能解釋這些聲音嗎？特別是水將要沸騰時，聲音反而減弱的現象。

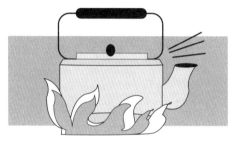

4.13　潺潺小溪　　　　　　　　　　　　⚲ 振動

在你生命中，一定曾經在某個夏日午後，躺在河邊的青草地上聽著潺潺的流水。小溪為何呢喃？為何瀑布和急流則發出咆哮聲？

為什麼新開罐的汽水有輕微的爆裂聲？仔細看看清澈的汽水，想一想汽水裡小氣泡的產生、移動和破裂，與開瓶聲有什麼關連？

4.12

第一個聲音是壺底受熱之後，水泡形成的聲音。每個水泡形成都發出輕微的響聲，集合在一起就形成我們聽到的嘶聲。持續加熱，水泡會離開壺底，上升進入冷水中破裂，發出較大的另一種聲音。水泡愈來愈多，這種聲音也愈來愈大。直到水快要開了，溫度夠熱到使水泡有機會升到水面才破裂，這種聲音有如水花濺起般微弱。等到水完全沸騰，所有的水泡都升到表面才破裂，聲音就明顯小了下來。

4.13

小溪的聲音部分來自水流中泡泡的形成。泡泡形成時會發出很小的聲音，但水的振盪或泡泡的破裂則會產生大得多的聲音。

4.14　雪地行走　　　　　　　　　　♀應力 ♀相變

當你在雪地上行走，有時候會發出裂開的聲音，但這現象只發生在氣溫比冰點低很多時。為什麼會有這種聲音？它和溫度有什麼關係？大約在什麼溫度，才開始發出這種聲音？

4.15　下雪後的寧靜　　　　　　　　　　♀吸收

為什麼在剛下過雪之後會那麼安靜？當然這時候外頭的人、車不像平常那麼多，但這絕非安靜的主要原因。那些噪音的能量都到哪裡去了？為什麼剛下的雪才有這種效果？

在極地探險時，位於新掘的冰隧道之中，也有類似的吸音（sound absorption）現象。兩人若相距15英尺以上，就必須大聲喊叫才聽得見。同樣的，聲音的能量哪兒去了？

4.16　撕衣服　　　　　　　　　　　　♀吸收

當你撕衣服的時候，為何撕得愈快，音調愈高？

4.14

如果大地非常冷（如-10℉或更低），你腳底下的冰不會因你的體重而融化，卻會破裂（可參考 **3.46** 至 **3.49**）。

4.15

雪表面的小空隙把聲音吸收掉了，就像現代化辦公室使用的吸音瓦。當雪愈下愈多、愈積愈厚時，它的吸音效果會降低。

4.16

任何週期性的運動都能產生聲波。規律地猛扯衣服上的線，會發出高亢撕裂聲的聲波。

4.17　指節的聲音

吸收

當你彎曲指節的時候，為什麼會聽到好像斷裂般的喀喀聲？
為什麼要等一段時間之後，才能再重新弄出同樣的聲音？

4.18　啪、劈、噗

吸收

為什麼把佳樂氏玉米片泡進牛奶的時候，會聽到啪、劈、噗
的聲音？

「聽！那聲音又來了，啪、劈、噗…」

4.17

指節的喀喀聲是指關節裡潤滑液中的小氣泡破裂發出的聲音。當指節彎曲或伸張時，關節裡潤滑液的壓力減輕，氣泡就跑出來了。但需要幾分鐘的時間，待氣體再被吸收後，才可以重來一次。

4.18

當玉米片完全被牛奶浸溼時，原先藏在裡面的空氣會跑出來，發出聲音。

4.19　冰塊融化的聲音　　　🔎 吸收

放一、兩塊冰塊在你喜歡的飲料裡，起先你會聽到輕微的劈、啪聲，之後你會聽到一種「油炸」東西的聲音。這些聲音是怎麼來的？事實上，並不是所有的冰塊都會發出這種「油炸」聲，為什麼？

冰山在漂向南方並逐漸融解的過程中，也會發出這種油炸的聲音，常被潛艇人員或船員聽到，他們稱此為「冰山塞爾茲碳酸水」聲。

📖 塞爾茲（Seltzer）碳酸水為德國產的一種礦泉水品牌。

4.20　把耳朵貼在地上　　　🔎 聲音傳導

老式的西部片中，印地安人常跪著把耳朵貼在地上，探測遠方視線外的騎兵，為什麼？如果他們可以從地上聽見遠方的馬蹄聲，為什麼不能在空氣中聽見？

Answer

4.19

當冰塊受熱時，冰塊裡的熱應力使結構斷裂，發出聲音。至於「油炸」似的聲音則是原先陷在冰塊裡的小氣泡破裂的聲音，當冰塊融解的表面有氣泡時就會產生這種聲音。沒有這種氣泡的冰塊融解時，只會有斷裂的劈啪聲而已。

4.20

雖然聲音在地裡傳得比空氣中快，但馬的奔跑速度比聲波慢多了，因此這點差異並不重要。趴在地上聽的最大好處是地下沒有太多物體，使聲波能量散射而減弱。

4.21　音調與氦氣　　　　　　　　♀ 傳播

人在呼吸氦氣的時候，為什麼說話的音調會變高？

在呼吸氦氣時候要非常、非常的小心。由於肺部沒有二氧化碳的累積，人們可能還不覺得不舒服就窒息了。永遠不要吸入氫氣或純氧，氫氣會爆炸而氧氣可助燃，甚至衣服引起的一點星火都會致命。

4.22　敲擊咖啡杯　　　　　　　　♀ 音速

在你泡即溶咖啡或攪拌奶精的時候，用湯匙輕敲杯壁看看。添加奶精後攪拌時，敲擊的聲音與添加前明顯不同，為什麼？

輕敲啤酒杯時，聲調也和杯中啤酒的高度有關，為什麼？

你或許認為，奶精粉末或啤酒泡沫把敲擊的聲波振盪吸收掉了。如果真的這樣，改變的是音調，還是只有強弱（振幅）？

Answer

4.21

嘴巴就像一個充滿氣體的共振腔，你口腔的共振頻率直接和氣體內的音速相關。氦氣裡的音速比空氣裡快，因此你的聲音就有較高的音調。

4.22

當粉末溶解的時候，藏在粉末裡的空氣就會跑出來。因為空氣裡的音速低於水裡的音速，在空氣與水混合的環境裡，音速也比在水裡低。當水裡不斷有空氣混進去時，這個容器的共振頻率和它裡面的音速有關，所以也會降低。因此你會聽到較低的音調，直到空氣全部跑光。

4.23　管弦樂團的熱身與音調的改變　　🔍音速與溫度

管弦樂團經過熱身之後，為什麼管樂器的音調會升高而弦樂器的音調反而降低？

4.24　彎身近地聽飛機　　🔍干涉

我聽說若把頭貼近地面，聽飛機飛過去的聲音，飛機的音調好像會增高。

同樣的，我若站在一面牆邊聽瀑布飛倏而下的聲音，除了正常的瀑布聲之外，還會聽到一種微弱的背景聲，且愈靠近牆，音調愈高。在這兩個例子裡，為什麼我的耳朵愈靠近固體結構物，我聽到的聲音音調就愈高？

Answer

4.23

由於管樂器的共振頻率與樂器共鳴腔裡的音速有關，當演奏者的呼吸使共鳴腔內的空氣溫度升高時，音速會加快，共振頻率也會提高。至於弦樂器的發聲靠的是摩擦力，摩擦生熱會使弦膨脹，使它的張力減小，因此弦振動的共振頻率反而降低。

4.24

在離地面幾公尺的地方，直接由飛機傳來的聲音和由地面反射的聲音會互相干涉，可能使某些頻率的聲音增強。發生相長干涉（constructive interference）的高度和聲音的波長有關，這時兩圈聲波會相加，互相增強。愈接近地面，波長愈短的聲波愈有機會發生相長干涉，因此靠近地面時會聽到較強的短波長聲音（也就是高音）。當耳朵的位置漸漸抬高，長波長的聲音漸漸清楚，這就是低頻率的聲音。

4.25 通道裡的口哨聲 ♀干涉 ♀波導

站在一個長的水泥通道前用力拍手。你不只是聽見掌聲的回音，還會聽到一陣「口哨」聲，在幾分之一秒內，由高音轉成低音。為什麼會有這種「口哨」聲？

4.26 音樂廳的揚聲效果 ♀干涉 ♀波導

為什麼音樂廳大多是又窄又高？如果回音是不受歡迎的，不是應該把牆壁和天花板儘量靠近聽眾嗎？這樣的話，聽眾就分辨不出直接從樂團來的聲音和反射的聲音了。那麼，聽眾能區別出來的最小時間差是多少？為什麼在坐滿人的音樂廳演奏出來的音樂，比空曠的音樂廳好很多？

若要消除回音，為什麼不在天花板或牆壁上布滿吸音的材料？當然這麼做可能會影響音樂廳的美觀，但音樂廳的設計顯然並不是要完全消除聲音的反射。事實上，牆壁和天花板上充滿各種結構和空隙，使聲音能向所有的方向反射。反過來說，一個完全沒有反射聲波的音樂廳，會被認為是個沒有聲覺效果的音樂廳。

Answer

4.25

聲波在通過狹長通道的時候，由牆壁反射的回音會使它在某
些角度得到增強，而這個角度和聲音的波長有關。波長較長
的聲音，反射角度比波長短的聲音來得大，因此在兩次反射
之間，沿通道前進的距離會比較短，到達末端的時間也久一
些。因此在通道末端會先聽到短波長（頻率較高）的聲音，
接著才聽見長波長的聲音。

4.26

要有清楚的回音，則聲波和反射波的時間必須間隔50毫秒
以上。消除牆壁的回音會使室內聲覺效果的豐富性明顯降
低，而牆壁的設計主要是把聲音散射到室內各個角落。牆上
要有一些小型的結構來散射短波長的聲音，同時也有一些大
型結構來散射長波長的聲音。散射面要均勻，使室內不至於
存在因相消干涉（destructive interference）而產生的聲音死
角。

4.27　懺悔室的助聽效果　　　◦反射 ◦聚焦

有些房間的助聽效果非常好，甚至還能把聲音聚在一起。這種聚集聲音的功能顯然就像叙拉古的土牢中所用的「戴奧尼修斯的耳朵」。它會把說話甚至耳語，經過一些隱密的管道，將囚犯的聲音傳給上頭的僭主。

近代也有一些這樣的建築，例如美國華盛頓的眾議院舊大樓的圓頂建築。室內一側位置的耳語可以傳到另一側，而且還聽得很清楚。不只一次，有些眾議員悄悄地談著黨內的機密時，卻被其他黨的同僚聽去，造成尷尬場面。

在西西里島吉根堤（Girgenti）教堂的情形更嚴重。它的形狀是橢圓形，橢圓形有兩個焦點，若在一個焦點上說話，位於另一個焦點的人將聽得一清二楚。教堂完工之後，在不知情的狀況下，正好把告解室設在一個焦點上。

「另一個焦點被一些人在無意中發現。因此有時候就有人跑來偷聽別人的祕密取樂，甚至帶著朋友一起來聽這些只對神父吐露的祕密。據說有一天，這個人又帶著朋友來偷聽別人的告解，沒想到在告解室裡的居然是自己的太太，因此家裡的很多糗事反而被別人知道，自取其辱。」

——摘自廷德爾（J. Tyndall）之
《聲音的科學》（*The Science of Sound*）

Answer

4.27

由橢圓形房間內一個焦點發出的聲波會聚集在另一個焦點上，因此在第一個焦點上的談話在第二個焦點上會聽得一清二楚。

📖 敘拉古（Syracuse）為義大利西西里島上的古城，而美國紐約州中部亦有一個敘拉古，又名雪城，乃為紀念此義大利古城而命名。戴奧尼修斯（Dionysius）是西元前四世紀時敘拉古的僭主，而「戴奧尼修斯的耳朵」（Ear of Dionysius）是指其用來監聽牢獄中犯人耳語的管道。

4.28　冷天的聲音傳播　　　　♀傳播 ♀散射

為什麼天寒地凍時聲音傳得比較遠？特別是在平靜的水邊或
結凍的湖面最明顯。相反的，在沙漠裡，聲音傳播的距離明
顯減少。

4.29　爆炸周圍的寧靜區

在第二次世界大戰時，很多人注意到，當向著開火的大砲前
進時，在某些距離會聽不見砲聲（如下圖），怎麼會有這種
寧靜區？

有些聲音可以傳得非常遠，這也很奇怪。在第一次世界大戰
時，有人站在英國海邊，卻可以聽到隔海對岸從法國傳來的
槍聲。在什麼條件下，聲音可以傳這麼遠？

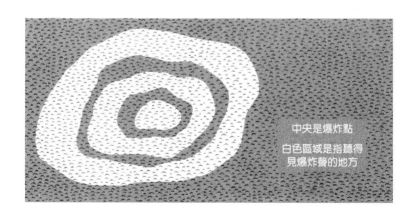

中央是爆炸點

白色區域是指聽得
見爆炸聲的地方

4.28

聲波在暖空氣裡傳得比較快。在正常情況下,溫度隨高度上升而降低。因此原本是水平傳播的聲音,上半段會走得比較慢,愈接近地面走得較快,所以聲音會向上彎曲折射,因而沿地面走不了多遠的距離。在寒冷的天氣裡,溫度分布的情況正好相反,地面較冷,愈高溫度愈暖,尤其接近冰冷的湖面,聲音會向下折射,因此在地面傳得比較遠。

4.29

當空氣溫度比較高的時候,聲音的傳播速度比較快。因此聲波到達比較溫暖的同溫層(stratosphere)時,聲波的上半部會走得比下半部快,使聲波進行的方向往下彎曲,碰到地面,在這股聲波碰到地面時,我們便可聽見。當火砲發射時,一部分的聲音會水平直接傳出去,這部分最後會被地上的物體散射或吸收掉,因此它有一定的範圍。在這個範圍之外,聽不到直接的聲音,而往上傳播且從同溫層折射回來的聲音又在此範圍之外,兩者之間就構成了寧靜區。折射到地面的聲音會被地面反射,若聲音的強度夠強,它又會到達同溫層,再被折射回地面,給我們另一塊聽得見聲音的區域,也就是圖中最外層的白色區域。

4.30　回音　　　　　　　　　♀反射 ♀瑞立散射

我知道你能說明回音，它是遠方的物體把聲波反射回來，對吧？那請你解釋一下，為什麼有些回音的音調比原來的聲音高？再者，為什麼高音的回音通常比低音的回音大聲、清晰？你能離一個反射物體多近卻還聽得見回音？

4.31　神祕耳語的大廳　　♀瑞立 ♀強度與距離 ♀反射

倫敦聖保羅大教堂耳語大廳的祕密是瑞立首先破解的。這個大廳有絕佳的助聽功能。若你朋友在大廳的任何角落輕聲對牆說話，那麼不管你站在大廳的哪個位置，只要靠近牆就可

直徑 32 公尺

以聽到他的聲音。你朋友愈靠近牆，你聽得愈清楚。

這只是單純的聲音反射與聚焦的問題嗎？瑞立做了一個相當大的模型研究這個問題。他在模型大廳的一端放個鳥笛，而

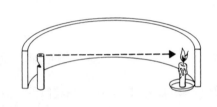

在另一端點根蠟燭。當鳥笛鳴叫時，聲波會接觸到燭火，使火焰晃動，因此火焰成了他的聲波探測器。你可以試著在左圖中，畫出聲波的進行路線，不過先別太相信它。假設你沿著模型大廳牆壁內側，放一片很窄的金屬片，如下圖所示，只要在鳥笛和燭火之間，距離多遠沒什麼關係。如果你認為聲波是沿直線進行，則火焰應該仍會隨著鳥笛的鳴聲晃動。但事實上當瑞立放上遮片時，火焰卻停止晃動。這塊遮片居然

阻斷了聲波，這究竟是怎麼回事？它只是一片很窄的遮片，不可能擋住聲波的通路呀！這項結果給瑞立一條線索，解開了耳語大廳的神祕。

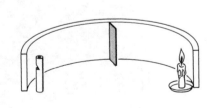

4.32　回音橋　　　♀反射 ♀瑞立波

你站在一個拱橋下能聽到的聲音，也許和上一題的耳語大廳效應有關。假設你像下圖那樣，站在一個拱橋下，並且輕聲說話，你會聽到兩個回音；若你大聲拍手，會有好幾個回音。你能說明這些回音嗎？它們是正常的水面反射結果，或是耳語大廳效應？或兩者皆是？

📖　瑞立（John W. S. Rayleigh, 1842-1919），英國物理學家，在理論與實驗物理兩方面都有傑出的成就。為了解釋「天空為什麼是藍色」這個令人費解的問題，他提出了「瑞立散射定律」；並指出當聲波在彈性固體與空氣接觸的表面傳播時，能量集中在表面附近的彈性波稱為聲表面波，又稱為瑞立波（Rayleigh wave）。

4.30

散射聲波的物體若比波長小很多，則散射的強度和波長的四次方成反比。波長愈短（頻率高）的音比波長較長的音散射程度要高。喊叫的回音，聽起來會比原聲來得高，乃因高頻的音反射的能量較強。

4.31

聲音被圓頂的牆面不斷地反射後，會沿著牆形成窄窄的一道聲波增強帶，站在增強帶裡的人，就聽得見微弱的耳語。若離牆稍遠，增強的效果迅速降低，就聽不見了。耳語聲比平常說話的音調高，效果更好，因此高頻音的可聽範圍更寬。

4.32

這個問題並無一定的答案，它和橋的結構有關，兩種效應可能互為強弱，或者平分秋色。

4.33　音樂性回音

♀干涉

當你靠近一排籬笆或一排階梯時，若發出一陣噪音，卻會聽到音樂性的回音，為什麼會這樣？你能算出回音的音調嗎？

4.34　聲音在風裡傳播

♀折射

為什麼站在下風處比上風處更容易聽見朋友的喊叫？一般人認為逆風的聲音有較大的衰減，是這樣嗎？

「我剛發現了一種能讓音速慢下來的方法！」

4.33

假設你面對一排木樁。由你左邊第一根木樁反射回來的聲音會比第二根木樁的回音快些，因為第二根木樁比較遠。聲音依木樁的遠近，依序傳回來，就形成音樂性的回音。回音音調的頻率與聲音由木樁反射回來的時間差成反比。

4.34

順風的聲音傳得比較遠，和它在空氣中的衰減無關，而是這個方向傳播的聲音會向下折射；若聲音逆風傳送，則會向上折射。

由於地面總有些障礙物，因此風速會隨高度而增加。原本以水平方向傳送的聲波，因上半部走得較快，所以向下折射。相同的理由使聲音在逆風傳送時向上折射。

4.35　龍捲風的聲音　　　　　　♀亂流 ♀折射

在龍捲風來襲前，四周會突然靜下來，一片死寂，我祖母能依此預測龍捲風且百試不爽，為什麼會這麼安靜？而旋風臨空時，聲音就像噴射機一樣，震耳欲聾，為什麼這麼吵？最後，據報導在龍捲風的中心點上，其實也很安靜，這可能嗎？你不是會聽見中心點以外猛烈的破壞聲音嗎？

4.36　地鳴　　　　　　　　　　　　　♀傳播

歷史上有許多傳說，談到在萬里晴空中發出的一種神祕聲響。這種聲音或連綿響亮，或像斷續的爆裂聲，且沒有跡象顯示這種聲音的來源。這種聲音，通常稱為地鳴（brontide）、霧中閃雷（mistpoeffer）或巴雷沙無名槍聲（Barisal gun），會發生在任何地方，如平原上、水面上或深山中。研究中發現，在荷蘭約200次這種神祕聲音事件中，發生的時間多半在早晨或傍晚，很少在中午，也幾乎不曾在晚上發生。有些地方，這種現象還蠻頻繁的，例如孟加拉灣南方的巴雷沙港附近，當地人認為這是神發出的聲音。然而，在其他地方則不太理會這種聲音。

有人認為這種神祕的聲音來自遠方的雷聲，但雷聲通常很少傳出15英里之外。此外，這種聲音常發生於清朗的天空，你能想出一些其他的可能原因嗎？

4.35

龍捲風形成的漏斗風速極高,對聲音產生很強烈的折射,因此漏斗外的聲音可能傳不進漏斗內。而中心區域裡也很安靜,這是因為一個人若突然置身於低壓區域,耳朵的壓力還沒平衡過來前,很難聽見任何聲音。這種經歷在飛機起降時也會碰到。

4.36

地鳴最可能的原因,就如 **4.29** 提到的一種異常的聲音傳播。聲源在看不見的遠方,可能是爆炸聲或雷聲。

4.37　被遮蔽的海鷗叫聲 　　　　　　　　♀繞射

下面是物體遮蔽聲音的一個例子。

海鷗在春天時，會群聚於長滿青苔的礁石上築巢、產卵。而
當小海鷗在學飛時，空中充滿了海鷗的尖銳叫聲。而海岸邊
不遠正好有一條公路，路旁堆放著一排泥煤堆。每個煤堆的
長度是鳥聲波長的好幾倍，因此形成很好的遮音效果。在兩
煤堆的縫隙間，鳥聲非常嘈雜，但煤堆的正後方則近乎安靜
無聲，這種聲音的改變相當明顯。

如果海鷗改以較低沈的的音調啼叫，煤堆後的安靜區會改變
嗎？

4.37

聲波被煤堆間的空隙繞射而傳到煤堆後方來。

波長愈長時，繞射圖樣的角寬度（即聲音被縫隙繞射所散布的角度）會愈大。因此若鳥鳴的聲音愈低，聲音散布的範圍愈大。

4.38 沒有雷聲的閃電 ♀折射

空中常會出現沒有雷聲的閃電。事實上，距閃電15英里之外就幾乎聽不見雷聲，為什麼？對聲音傳播而言，15英里真的那麼遠嗎？顯然不是，因為砲聲或爆炸聲在15英里之外還聽得見，為什麼雷聲不行？

4.39 藏在暗處的潛艇 ♀折射

雖然聲納系統（sonar system）可以偵測遠方的潛艇，但只限於幾千公尺的範圍內（熱帶海域的範圍更小）。現假設有一艘和聲納在相同深度的潛艇，因為某些緣故，但不是被水吸收，聲納發出的聲波沒辦法碰到潛艇。我們稱這艘潛艇因躲在「陰影區」而沒被發現，這陰影區是怎麼產生的？

Answer

4.38

這個問題的理由與 **4.28** 和 **4.29** 類似，雷的聲波被靠近地表較溫暖的空氣給折射掉了。在大約 15 英里的距離，聲音會折射得很厲害，完全向上走，因此站在地面上的人就聽不見了。

4.39

這個問題和聲波在大氣中不同高度的折射變化類似。通常水溫隨深度而降，因此水平發射的聲音，上半段的水溫較高而進行較快，下半段則走得較慢，整個聲波會向下彎曲。聲波的折射有時相當嚴重，因此跟本就碰不到潛艇。

4.40　關門防噪音　　　🔍繞射

若門外很喧鬧，一旦我關上房門後就變得安靜多了。當然我大開房門時室內會很吵，但如果我只開一道小縫會怎樣呢？室內就和大開著門差不多吵鬧。為什麼門縫的大小和噪音的程度這麼不成比例？

4.41　聲音的反饋　　　🔍繞射

在搖滾樂盛行的時代，聲音的反饋（feedback）常廣泛地用來產生一種迷幻的音樂特色。一個吉他手會面對自己的麥克風彈吉他，而麥克風的輸出會經由他手中的電吉他再重新放大。這就好像電台的播音員，對著自己的麥克風講話，並打開身旁的收音機，對準自己電台的頻道。這兩個例子裡，哪個會產生聲音的反饋現象？

Answer

4.40

正如 **4.37** 所示，聲波會被縫隙繞射。因此門雖然只開了一道小縫，聲音還是會從縫隙繞射進來，傳遍整個室內。

4.41

從吉他手的喇叭傳出來的聲音會再被他的吉他接收，重新放大，在一段很短的時差之後再由喇叭傳出。而反饋聲音的頻率正好是這個時間差的倒數。

4.42　霧號角

📍繞射

霧號角的設計是要讓聲音儘量水平散開，儘可能不要消耗到上方去。這麼看來，它的外形不是很奇怪嗎？長方形的號角開口在垂直方向比較長，而且向上傾斜，方向是不是弄錯了？

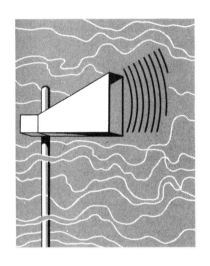

4.43　低頭耳語

📍繞射

你可以聽到朋友的正常聲音，不論他是面對著你或背對著你。但若他耳語時，為什麼只有面對著你，你才聽得見？就算耳語和平常說話的聲音大小差不多。

——— **Answer**

4.42

繞射圖樣的角寬度（就是當聲波通過開口之後，散布開來的角度），和號角開口的寬度有關。開口愈窄，角寬度就愈大。因此窄方向的開口，散布的角度較大，正好讓水平散布的效果增加。

4.43

當你朋友轉過頭去說話，而你還聽得見，主要是因為聲音由他的頭旁繞射過來，而不只是聲音被附近的物體反射而已。波長較長的聲音，繞射音的角寬度比較大。而耳語大部分都是比較高頻的聲音，因此繞射的效果差，就比較聽不清楚。

4.44　一端開口管路的末端效應　　　　♀ 共鳴

若駐波在兩端開口的管路裡形成時，為什麼兩端都是空氣運動最大的位置（波腹），而同時也是壓力的節點？

若一端沒有開口，則這點一定是個節點，那麼在開口端是否也是波腹？你能詳細解釋為什麼這點是波腹嗎？事實上，波腹的位置並非恰好在開口處，它的確實位置和管子的一些參數有關（如寬度）。這和簡單的理論有所出入，但是否會影響像管風琴這樣的管樂器的實際運用呢？

4.45　令人不適的次聲波　　　　♀ 共鳴性振盪

次聲（infrasound，那些聽不見的音頻）會令某些人覺得頭暈、嘔吐，有時甚至會致命。但現在，大家已經漸漸了解到次聲波的危險性。很多環境下都會聽到次聲波，比如說飛機附近、高速行駛的汽車裡、接近海浪、暴風雨裡，或接近龍捲風時都會感覺到。有時在地震即將來臨前，次聲波卻能對一些動物或比較敏感的人提出警告。

次聲波是怎麼影響人和動物？尤其是它怎麼會引起內出血這類的事情？

Answer

4.44

共鳴管的有效長度和兩端開口的直徑有關，大約是直徑 1/3 的倍數。有效長度增加會使管子發出的諧音波長增加（也就是共振波的頻率降低），這在很粗的管子中特別明顯。

4.45

舉例來說，低頻音可以使人的胸部跟著振動，這是因為空氣壓力的變化夠慢，你的胸部便可以跟著動。內部器官在被迫跟著振動時，會互相摩擦引起內出血。若聲音的強度降低，只會產生頭昏和反胃的感覺。一般的暈車有部分原因可能是由車子產生的次聲所引起的。

4.46　出聲的水管　　　　♀振動♀成穴♀共鳴

當我開、關水龍頭的時候，為什麼有時候水管會發出聲音？又為什麼不是必定發出聲音？而噪音究竟是來自何處？是水龍頭本身、還是水龍頭後緊接著的水管、或是「上游」水管轉彎的地方？為什麼只在轉到某些水量大小時才有聲音？最後，為什麼我們只要在水管系統裡加一條排空氣的豎管，就可以徹底解決問題？

4.47　倒出瓶中水　　　　　　♀共鳴♀成穴

當我們把水從瓶子裡倒出來時，水聲的音調會逐漸降低。若反過來把水裝進瓶子裡，音調會逐漸升高，為什麼？

4.46

當固定管路裡的流量增加時，會發生亂流，產生成穴（cavitation）現象，也就是形成氣泡。氣泡振動、摩擦的聲音會被水管及水管附著的結構所放大，像是牆壁、天花板和地板等。

4.47

水流出瓶子的雜音中，有些頻率會使瓶中的空氣柱共振而發出共鳴，因此這聲音就被凸顯、加強，被我們聽見。在這些聲音中，愈低的聲音愈大，但到底頻率是多少則和瓶內空氣柱的體積有關，體積愈大頻率就愈低。因此當水被倒出來的過程中，聽見的共鳴聲會愈來愈低。

4.48　孔特管裡的塵堆及其上面的波紋　♀共振 ♀渦動

孔特管（Kundt tube）長期以來就被用來顯示聲音的駐波，但你能解釋它的原理嗎？通常它是一根長玻璃管，管裡放一些輕的粉末（如木屑或石松粉等）。管口用軟木塞塞住，軟木塞的另一端接著一根銅桿（如下圖）。若用塗滿松香的軟皮摩擦銅桿，則不但銅桿會嗡嗡作響，管子裡的粉末也會排成一堆堆的。一定是聲音的駐波讓粉末排成堆，但它是怎麼弄的？還有，如果仔細查看粉末堆，會發現它表面成波浪狀，若駐波將粉末堆在一起，那這些波浪紋又是怎麼來的？

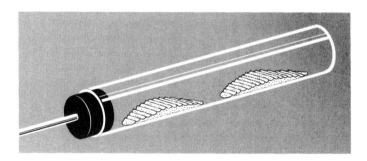

如果拿掉銅桿，改用喇叭大聲刺激孔特管，則在每堆粉末之間，會有一圈的細粉塵出現（如右圖），每圈細塵像一片隔開管子的薄膜，這又是怎麼回事？

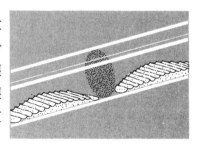

4.48

金屬棒的振動會在管子裡產生駐波。管子裡的粉末會被空氣振動的波腹趕開，逐漸被振往波節，因此粉末以波節爲中心，堆成一堆堆的，像圖中那樣。

若空氣流動非常快速，就會造成旋渦，當相鄰兩個旋渦共同升起或下降時，之間就會有更細粉塵的漣漪出現。

4.49　海螺的聲音　　　　　　　　　♀共鳴

當你將一個大海螺貼近耳朵，會聽見大海的浪濤聲，這是怎麼回事？

4.50　談話與耳語　　　　　　　♀共振 ♀振動

是什麼決定我們說話的聲調？為什麼女人的聲音比男人高？大部分的年輕男性都經歷過變聲的階段，這是什麼原因造成的？你怎麼將日常的談話轉變成耳語聲調？

4.49

環境裡的各種雜音，包括微風吹過沙灘的輕語，會激起海螺裡空氣柱的共振頻率。這些共振頻率的進出，聲音會忽大忽小，使聽的人有一種幻覺，好像聽到海浪一陣陣的聲音。

4.50

聲帶的長度和張力決定了聲音的音調。當氣管裡的空氣壓力增加時，聲帶會因為突然受到壓力而分開，然後又回復到正常的位置。聲帶的連續振動會產生空氣壓力的變化，接著激發口部和鼻腔的共振頻率。

男人的聲帶通常比女人長而且厚，振動的頻率較低，因此音調也比較低。小男孩的聲帶本來又短又薄，音調很高，在青春期由於喉頭的快速成長，聲帶的結構變為成年人，聲音也會「破掉」。嘀咕的耳語並沒有用到聲帶，它是鬆弛且離開喉部的。因此耳語的頻率和氣流裡因其他障礙產生的振盪，以及口部與鼻腔的共振頻率有關。

4.51　浴室高歌

　共鳴

爲什麼浴室裡的歌聲聽起來這麼豐富而飽滿？

4.52　碎杯歌手

　共振

歌劇的演唱家很賣力地唱出一段長高音時，可能把香檳酒杯振碎。酒杯爲什麼會碎？爲什麼一定要特殊的高音？爲什麼歌聲必須持續個幾秒鐘才行？

4.51

你曾在很大又空曠的地方唱過歌嗎？這時候你只能聽見自己發出的聲音。但在浴室裡唱歌，每個聲音都被四周的牆壁反射很多次，因此聽在耳朵的感覺會延長一些時間，它的耀度（brilliance，高頻音的連續性）和豐滿度（fullness，低頻音的延續性）都會增加，聽起來好得多。

4.52

玻璃杯在某個共振頻率時會發生振動。如果一個歌手發出這個共振頻率的聲音並持續一段時間，玻璃杯的振動會累積到使玻璃碎裂的程度。

4.53 旋音棒

♀共鳴 ♀白努利效應

有一種很簡單的音樂玩具，叫做旋音棒（twirl-a-tone）。這是一根有彈性、波浪狀的塑膠管，有點像吸塵器的管子，兩端都開口。當你握住一端揮動時，它會發出聲音。揮動的速度變快，會得到較高的聲音，但聲音的改變並不是平滑的，而是一種跳躍式的變化。很多根這種旋音棒同時揮舞時，會發出很美妙的聲音。「仲夏夜之夢」在英國演出時，就用旋音棒伴奏妖精合唱的部分，來增加奇妙的氣氛。它的聲音是怎麼形成的？為什麼音調的變化是跳躍的？

標準教科書裡有個例子，說明一端開口的管子所發生的共鳴現象，這個例子常會誤導本問題。這裡你必須先了解為什麼會發出聲音，還有聲音的頻率為何會隨揮動的速度改變。此外，你應該理解出空氣是如何流經管子，這樣你才能應用課本的解釋，說明為何只有某種頻率的聲波會儲存在管子裡。管子的離心力會影響聲音的頻率嗎？

4.53

揮舞旋音棒的時候，依流體力學的原理，旋轉端開口處的壓力較低，空氣會由握手端流過去。空氣流過管子而由開口端流出時，會使開口端的周圍振動。這個振動頻率是由開口端的空間條件和空氣的速率決定的。

經由慢速旋轉產生的小規模振動，管子會擷取自己的共振頻率來加強，這就是我們聽到的音調。若揮舞的速率加快，會在較高的頻率產生振動，激起管子更高的諧波頻率，我們聽到的聲音也就變高了。

4.54　風的怒號 ♀共鳴

一般的怪獸電影裡總是用風的怒號當背景音樂，暗示怪獸即將登場。風怎麼會怒號？

4.55　電線的口哨聲 ♀共振 ♀旋渦成形

為什麼電線在風裡會發出口哨聲？為什麼古希臘歌手彈奏的豎琴放在風裡也會發出聲音？尤其是必須有振動才會有聲音發出來嗎？如果是，它們振動的方向與風吹拂的方向在同一個平面呢，還是與風向垂直？

假設你揮動一枝叉齒又薄又長的叉子，想模擬電線的口哨聲，你該怎麼揮？順著叉齒的平面揮動或垂直這個平面？你可以兩者都試試看。

冬天的樹木為什麼會發出颯颯聲？或是整個樹林為何會發出沙沙的聲音？每棵樹發出的聲音，調子都一樣嗎？

4.54

風聲是風通過電線或樹枝時發出的呼嘯聲（參閱 **4.55**），或是吹向屋頂角落與其他尖銳物體發出的鋒邊音（edge tone，參見 **4.56**）。

4.55

當風通過電線或樹葉凋零的樹枝時，空氣變得不穩定而會在障礙的邊緣產生旋渦。例如，通過電線的風，會在電線的上部和下部交替地產生旋渦，這些旋渦引起空氣壓力的變化，且被人耳所聽見。若風夠強勁，則電線上下兩部分的壓力差變大，使電線振動，但這種振動倒不是風聲呼嘯的的必要條件。因為壓力變化是由電線上下的旋渦造成的，因此電線的振動方向垂直於空氣流動的方向。

4.56　吹口哨的茶壺

◦旋渦的聲音 ◦反饋

另一種發出哨音的方式是在空氣流動的路徑中，擺上一個障礙物。例如將空氣吹向尖銳的楔形物體，就會發出鋒邊音（圖a）。

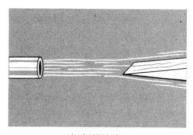

（a）鋒邊音

同樣的，若在氣流裡放個環，就會產生環形音（ring tone，圖b）。

但我們最熟悉的，是茶壺發出的口哨音，這是在流徑上有個孔，發出的孔形音（hole tone，圖c）。

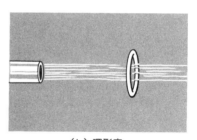

（b）環形音

在上面的例子裡，發出的聲音和障礙物的形狀有關，理由何在？當你茶壺裡的水沸騰時，到底是什麼產生哨音？

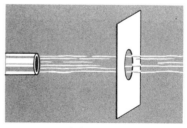

（c）孔形音

4.56

在鋒邊音發生的過程中，當氣流碰到楔形物的邊緣時，會在它周圍產生旋渦，這些旋渦對邊緣的作用力會產生我們聽到的鋒邊音。有時聲波會回過頭來影響氣流，使氣流變得不穩定，接著會產生更多的旋渦。這些旋渦又碰到楔形物的邊緣，會發出更多的聲音，整個過程就這樣反覆下去。

在孔形音的形成過程裡，回到氣流裡的聲波改變了氣流的速度，因而形成許多旋渦圈（就像雪茄的煙圈）。當這些旋渦圈回流、再次碰到孔壁時，會產生更多的聲音，這個過程也會一樣重複發生。

一般的茶壺在沸騰時產生的哨音是孔形音。壺蓋上有兩個小孔，形成一個小空間。壺裡的水氣經過第一個小孔後，對第二個小孔而言，這個小孔就是氣流的源頭。起初氣流很慢，無法產生讓第二小孔發音的不穩定氣流。當水快要沸騰時，空氣移動得更快，因此在第二孔產生的旋渦也夠強，使我們能聽見聲音。

4.57　吹可樂瓶
♀共鳴 ♀旋渦的聲音

吹氣通過可樂的瓶口時，會發出嗡嗡的聲音，這是另一種形式的哨音。這裡不但有障礙物，也就是瓶口邊緣，而且障礙物旁還有個空穴。長笛、簫和風琴管也是屬於這種哨音的例子。

為什麼這種裝置可以發出特別的頻率？換句話說，為什麼用手指按住不同的孔或按鍵（例如長笛），也就是改變通過障礙物的空氣壓力，就能產生不同頻率的聲音？

在可樂瓶的例子裡，瓶口的大小會影響聲音的頻率嗎？那形狀呢？假若我將瓶子裝一點水，然後用音叉找出它的共鳴頻率，接著將瓶子傾斜，裡面空間的形狀當然改變，但共鳴頻率會變嗎？

4.58　警笛
♀共振

美國警察的警哨是怎麼作用的？像上面的例子，它在讓空氣通過的地方有個鋒邊，旁邊還有個孔穴，裡面裝個小球。這個小球對哨音有什麼功用？為什麼警哨在水裡不會響？

4.57

可樂瓶、長笛和簫的發音原理和 **4.56** 所談的不同。因為它們在鄰近瓶口邊緣和孔洞處有額外的共振腔（resonant cavity），會在那裡產生不穩定氣流。在這種氣流形成聲音的頻率範圍內，這些孔洞會選擇自己的共振頻率來增強，就成為我們聽見聲音的頻率。

4.58

吹進警哨的氣流亦會產生鋒邊音，是由旁邊的孔穴來選擇自己的共振頻率。孔穴裡的小球會規律地堵住氣流孔，使哨音顫動。

4.59　吹口哨　　　　　　　　　　　　　🔍 共鳴

我們終於談到最常見、但可能是最難解釋的哨音：吹口哨。這個聲音是怎麼來的？你能在水裡吹口哨嗎？

4.60　舊式留聲機的喇叭　　　　　　　　🔍 共鳴

記不記得舊式的留聲機有個曲柄的大喇叭？為什麼要有這個喇叭？它是用來把聲音集中在某個方向嗎？為什麼它的開口要逐漸張大而不用根直管子？關鍵在於若不利用這個喇叭，直接讓音箱的膜片推動室內的空氣，聲音的釋放效果會很差。逐漸張大的喇叭和音箱是怎麼配合的？

4.59

透過嘴唇吹的口哨，通常屬於孔形音（參見 **4.56**），它的鄰近就是共振腔，但空氣流動路徑的細節，我們卻所知不多，尚待努力尋求解答。

4.60

喇叭和留在裡面的空氣，形成一道空氣阻力，讓膜片可以作用，並且可以把對小面積的高速運動轉換成大面積的低速運動。而一道長而窄的管子可以把能量以駐波的方式儲存起來，並選出它的共鳴頻率。若膜片直接對室內開放而沒有經過喇叭，則它可以非常自由地運動，使它的振盪能量都無謂地消耗掉，只有少部分能量能轉換成空氣的運動。

4.61　旋風笛　　　　　　　　♀ 旋渦的聲音

旋風笛（vortex whistle）有個圓型的空腔，在一旁有個吹嘴。顯然空腔內會形成一股旋風，而哨音由會另一面的中央洞孔釋放出來。不像一般的警哨，旋風笛的聲音視吹氣的壓力而定，若改變吹氣的壓力，則可以得到不同的音調。是什麼原理使它發出聲音？頻率和壓力又有什麼關係？

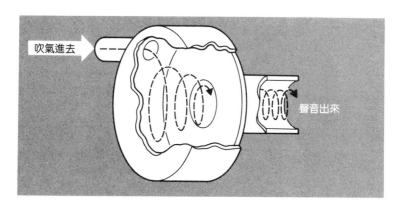

吹氣進去

聲音出來

1.62　低音和高音喇叭的尺寸　　♀ 振動 ♀ 聲阻抗 ♀ 功率

為什麼在大部分的 Hi-Fi（高傳眞）音響系統裡，低音喇叭比高音喇叭大很多？

Answer

4.61

哨音顯然是來自於中央導管所產生不穩定旋渦裡的氣壓變化。

4.62

喇叭尺寸的不同有兩個主要的原因。首先，大喇叭的紙錐對高頻音無法迅速反應，只能在表面產生一些破碎的混合波來代替，因此高頻的聲音只好用較小的紙錐面。

第二，喇叭要把聲音廣泛散播到整個房間，聲波繞射圖樣的角度則需視其波長以及喇叭大小而定。大喇叭上的短波長（高頻率）聲音，其繞射圖樣很小，會在室內形成窄窄地一束音域。因此高頻音要用較小的喇叭來播放，才能散布整個房間。

4.63 啦啦隊的加油筒

♀球面與平面波 ♀強度vs.範圍 ♀阻抗

啦啦隊的加油筒怎麼能讓聲音在某個方向變大？是否聲音在筒內的多次反射限制了它散布的方向？聽起來似乎有點道理，但想想加油筒的大小與聲波波長，內部反射怎麼可能有這麼明顯的集中效果？因此，為什麼在加油筒面對的方向聲音會放大？

4.64 小型喇叭的低音

♀複合音調 ♀非線性回應

電話、高傳真耳機和小的晶體收音機居然能使低音重現，這不是很令人驚奇嗎？它們的喇叭這麼小，還能收聽到低音，而早期的留聲機喇叭甚至無法掌握低音。在這兩個例子裡，為什麼我們聽得到低音？

Answer

4.63

通常由嘴巴發出的聲音會很均勻地向所有方向繞射。一個開口很大的啦啦隊加油筒，會使聲波不容易繞射散失，這是因為筒口的口徑大於呼喊聲的波長。因此在傳音筒的方向上，聲音會比不用傳音筒大得多。

4.64

即使不用喇叭，也可以在耳朵裡產生低音。若兩個不同頻率的聲音同時進入耳朵，它的非線性回應（nonlinear response）所產生的振動，其頻率會是這兩個不同頻率的和或差，或是此和或差的整數倍。但其中最顯著的音調會來自兩個不同的頻率的差，能給予聽者很清楚的低音（頻率很低）。

4.65　賽車和砲彈的呼嘯聲　　　♀ 都卜勒頻移

當賽車疾馳而過時，為什麼呼嘯的音調會改變？不管聲音傳向前或傳向後，噪音源不是一樣的嗎？

在戰場上，老兵可以從砲彈呼嘯的聲音，判斷出它威脅自己的危險性。他不但要聽出聲音大小的改變，還要注意音調的變化，音調的變化能透露什麼訊息呢？

4.66　蝙蝠的聽覺　　　♀ 都卜勒頻移 ♀ 距離

蝙蝠常發出一種高頻的聲波，然後藉著探測回音，找出牠的飛行路線和昆蟲位置。但蝙蝠怎麼利用回音？牠是否先發出聲波，然後計算收到回音的時間，以判斷反射物體的距離？倘若物體或蝙蝠本身在移動，牠是否能偵測出都卜勒頻移（頻率改變）？或者牠是利用回音和三角測量法來決定反射物體的位置，很像我們用雙眼感知的視覺那樣？或許情況更複雜，因為我們發現有些蝙蝠會啁啾地叫，發出來的聲波頻率可由20kHz降到15kHz。這樣啁啾地叫是如何得到更多反射物體的訊息呢？

若蝙蝠發出固定頻率為20kHz的聲波，它能測到的最小蟲子有多小？

4.65

當音源在運動時，我們聽到的聲音頻率，與我們和音源之間的相對速率有關。這種由於音源的相對運動產生的頻率變化，稱為都卜勒頻移（Doppler shift）。當賽車朝固定的觀眾接近時，車子的呼嘯頻率會愈來愈高，而通過觀眾後，呼嘯聲愈來愈低。

4.66

蝙蝠如何從信號中擷取訊息，我們還不太清楚，正加以研究中。有些蝙蝠發出一種短波長的固定頻率（constant frequency, CF）信號，它的回音不但可以確定前面有目標，回音頻率的變化還可以指示目標移動的速度（參見 **4.65**，都卜勒頻移）。有些蝙蝠發出一種調頻（frequency modulated, FM）信號，分析回音的頻率可得到有關目標的形狀、大小、表面紋理和範圍的訊息。由於調頻信號的頻率在某個範圍內變動，蝙蝠無法利用都卜勒頻移來判斷目標的速度。因此，有些蝙蝠發出一種混合著FM-CF的信號，以儘可能得到有關目標的所有訊息。

4.67 **聽聽布朗運動**　　　　　　🔍布朗運動 🔍聽覺

聽覺基本上包括偵測空氣的壓力變化，對吧？那麼，耳鼓膜旁的空氣壓力不斷地起伏變化，這些起伏變化有多大？夠大到聽得見嗎？如果是的話，爲什麼我們聽不到？你的耳旁不是應該有連續的呼嘯嗎？

4.68 **何時警察會取締 party？**　　🔍聲功率 🔍信號噪音比

有些雞尾酒會很安靜，有些則很吵。你能否大概計算一下，超過多少位賓客參加的宴會，會開始變得很吵鬧？你可能發現有個轉折點，當背景噪音大到你正常講話的聲音時，人人都會被迫提高音量。

假設女主人突然要求大家安靜，之後又允許大家自由交談。大約要多少時間宴會又恢復嘈雜？

Answer

4.67

由於空氣在耳朵旁產生的壓力變動太小，我們無法聽見。即使布朗運動更強烈，我們可能也聽不見，因為大腦會過濾掉那些持續、固定的噪音訊息。

📖 布朗運動（Brownian motion），英國植物學家布朗（Robert Brown, 1773-1858）於 1827 年觀察到的一種微觀世界中的永恆運動。液體中的輕微懸浮物質（例如布朗當年所觀察的花粉）由於受到周圍進行熱運動的液體分子不斷撞擊，因而不停地進行隨機運動。1905 年，愛因斯坦首先對布朗運動提出合理的運動論解釋。

4.68

當你和一個朋友在房間裡談話時，你聽到的聲音除了直接由對方傳過來之外，還有一部分是間接由房間漫射回來的。若此時房間裡還有別的交談在進行時，就會有一定程度的背景漫射聲音和你熟悉的聲音互相競爭。這種漫射背景聲音的強度，受很多因素的影響：房間的大小、牆壁和房間內物體對聲波的吸收能力、聲波在牆壁之間傳遞的平均無礙路程（mean free path）以及其他交談者數目等。當人數愈來愈多，漫射背景聲開始掩蓋兩人直接交談的音量。這時若交談的人數再增加，你和朋友必須提高音量才能繼續談下去，但其他人也必定提高音量，因此整個宴會注定要陷入無可救藥的嘈雜中。

4.69 V-2火箭的聲音 ♀激震波

如果你曾遭受火砲攻擊，首先聽到的是砲彈呼嘯而來，接著是爆炸，最後才是發射的聲音。但在第二次世界大戰 V-2 火箭攻擊倫敦時，前兩項聲音的次序顛倒：先聽見爆炸，再聽見火箭呼嘯而來。為什麼有這種差異？

4.70 雞尾酒會效應 ♀聽覺

在很喧鬧的宴會裡，你怎麼聽得出朋友的聲音？若你此時錄下朋友對你的談話，可能在錄音帶裡根本聽不到他的聲音，更遑論了解他的意思了。兩者有什麼不同？

4.69

因為火箭的速率超過音速,所以會先聽見它的爆炸聲,再聽見火箭飛行的聲音。

4.70

在吵雜宴會裡的實際交談之中,我們最少還得到一種錄音機得不到的訊息,就是聲音的方向性(directionality)。因為我們有兩個耳朵,可以從吵雜的背景聲中,辨別出聲音的方向。

4.71 錄自己的聲音

如果你曾經錄過自己的聲音,再放出來聽的時候,一定會很奇怪自己的聲音怎麼那麼單薄。但其他人的聲音,情況還很不錯呀!只有自己的聲音……怎麼說呢,聽起來就是不對勁。這是怎麼回事?

4.72 定位聲音

因為人有兩個耳朵,因此在聽見聲音的同時可以為聲音的來源定位。如果你用純音源來測試自己的定位能力,你會發現對不同的頻率而言,自己的定位能力幾乎相同,除了$2\sim$ 4kHz頻率之間稍差外(見下圖)。為什麼我們聽音判位的能力在這個特定的頻率會變差,而其他低、高音都不受影響?

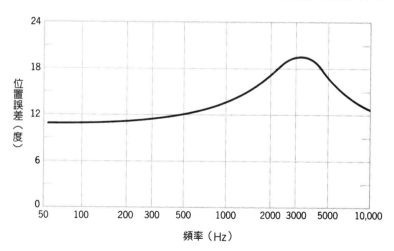

Answer

4.71

當你和別人交談時所聽見的自己聲音,大部分來自自己身上的骨頭的傳導,尤其是低音,但在別人聽到的聲音裡,卻沒有這部分的低音。因此我們聽自己的聲音覺得特別豐富,就是因為有這低音的加入。聽高傳真錄音機播放自己的聲音,就像別人平常聽到自己的音調一樣,沒有那部分的低音存在。

4.72

我們有三種方法可以判斷音源的方向:就是比較到達雙耳的聲音強度、相位(phase)及時間。強度差對短波長的聲音特別有用,因為長波音會繞過頭部,使雙耳聽到的強度差不多。但長波音到雙耳時卻有相位差,這取決於雙耳到音源的直線間所夾的角度。至於波長接近4000Hz的中間音,這兩項技巧都不太管用,因此在判斷聲音的方向上比較困難。

4.73　音爆　　　　　　　♀激震波 ♀折射

超音速飛行器為什麼會產生音爆（sonic boom）？音爆只發生在飛行速度剛突破音障（sound barrier）的時候嗎？它和引擎的噪音有沒有關係？有時你不只聽見一聲，而是接連兩聲，為什麼是兩聲？又為什麼不都是兩聲？音爆和飛機的高度有關嗎？它和飛機的爬升、俯衝或轉彎有沒有關係呢？飛機在什麼時候會產生特別強的激震波，就是所謂的「超級音爆」？在某些情況下，飛機雖然產生音爆，但它通常到不了地面，這又可能是什麼原因？

4.74　雷聲　　　　　　　♀激震波 ♀反射

小時候，母親曾經告訴我雷鳴和閃電有關，雷鳴是怎麼來的？為什麼會持續好一段時間？它一定永遠是那種嘩嘩聲嗎？我聽說若你的位置在離閃電100碼之內，你會先聽見卡噠一聲，再來是嘶嘶聲（就像抽鞭的響聲），最後才是嘩嘩聲。是什麼發出卡噠和嘶嘶聲？若你站得稍遠些，會聽到咻咻聲，而不是尖銳的卡噠聲，為什麼這樣？

Answer

4.73

飛機在高空飛行的速度若超過音速，便會將空氣壓縮形成激震波，在飛機後面形成一個圓錐，它的外緣就是這道激震波。當這個圓錐觸及地面時，在地面的觀察者會先感到壓力上升，接著壓力下降，然後再上升，直到回到正常的壓力情況。在地上碰到的第二次激震波是機尾造成的。有時這兩種壓力的增加分不清楚，有時又是兩個分別的音爆。激震波在往下傳遞的時候，若碰到暖空氣被折射向上，可能永遠到不了地面。（空氣溫度變化引起的聲波折射可參見 **4.28** 和 **4.29**。）

4.74

目前對雷鳴的形成原因與特性已完成許多研究。在雷擊的放電區溫度極高，空氣會急速膨脹，產生圓柱型的激震波，這是雷聲的基本來源。在雷擊區附近，可能聽見的嘶嘶聲或許是由於環形放電（corona discharge，參見第 Ⅲ 冊 **6.46**），而卡噠聲大概是來自雷擊區向上的移動放電（moving discharge，參見第 Ⅲ 冊 **6.32**）。至於連續的嘍嘍雷鳴聲可能是最初的聲音經過環境的回音。

4.75　聽見極光和冰凍的字　　　♀聲音傳播 ♀衰減

有可能聽得見極光（aurora，參見第 Ⅲ 冊 **6.30**）的聲音嗎？有報告指稱，隨著極光強度的變化，可以聽得見劈啪和嘶嘶的聲音（就像乾草或樹枝燃燒的聲音）。很難想像在這麼高的地方（高於 70 公里）產生的聲音，居然可以達到地面的觀察者，這期間的衰減距離這麼長，聲音的功率肯定很大。

最近有項解釋提出，由極光產生的電子，激發了所謂的「離子體聲波」（plasma acoustic wave），而產生了正常的聲波。但不管發聲的原因如何，你聽得見這麼高地方產生的聲音嗎？當聲音穿過大氣層傳播時，聲波的功率到底發生了什麼事？

另一個有趣的解釋說，「一個人在寒冷地區所聽到的，是他冰凍在空氣裡的呼吸。」當空氣非常平靜且極冷，你真的能聽見由呼吸所凍成的冰晶互相撞擊的聲音嗎？如果這是可能的，要多冷呢？

4.75

因為大氣對聲波的衰減影響（來自於空氣的黏滯性及熱傳導）
太厲害，在80公里以上高空發出的聲音很難到達地面。若
聲音要由個人呼吸凍結的冰晶碰撞產生，則溫度至少要在
−40°C以下。

4.76　雲上的黑影　　　　　　　♀激震波

第二次世界大戰時，在齊格菲防線附近的戰鬥之中，美軍發現有黑色的影子橫過天空的白色卷雲裡。這些黑影成拱形，中央就在德軍的防線附近，因此大家推想這可能來自於重火砲的發射。這些黑影是怎麼回事？你認為它是單獨出現或總是成雙出現？最後，一定要有雲層當背景嗎？

📖 齊格菲防線（Siegfried Line），第二次世界大戰前，德國在西部邊境建築的防禦陣地體系，與法國東部邊境的馬其諾防線（Maginot Line）相對峙。

4.77　鞭子的嘶聲　　　　　　　♀激震波

當鞭子揮動時為什麼會有咻咻聲？猜猜看大概要揮多快才會有聲音。

Answer

4.76

火砲產生的激震波會造成可看見的條帶，因為激震波通過時會改變空氣的折射率，或其通過的地方會暫時增加水氣或霧氣的凝結，形成暗色的條帶（類似 **3.27**）。

4.77

咻咻聲可能是由於繩鞭末梢與自身的撞擊，或者末梢的速度超過音速時產生的小激震波。

附錄

圖片來源
索引

圖片來源

英文原著附圖，作者提供：

3.5, 3.6, 3.12, 3.18, 3.19, 3.26, 3.27, 3.29, 3.33, 3.34, 3.36, 3.48, 3.53, 3.64, 3.68, 3.70, 3.74, 3.81, 3.89, 3.94, 3.102, 3.105, 3.108, 3.109, 3.112, 3.115, 4.7, 4.29, 4.31, 4.32, 4.37, 4.39, 4.40, 4.42, 4.48, 4.51, 4.53, 4.56, 4.75

英文原著附圖，S. Harris 繪：

3.52, 3.60, 3.72, 3.79, 3.85, 3.116, 4.10, 4.18, 4.34, 4.70

英文原著附圖：

3.9：取材自 *American Journal of Physics*（Vol. 21, p. 277, 1953），H. Schenck, Jr.

3.14：取自 *The Feynman Lectures on Physics*（Vol. 1, 1963），Richard P. Feynman
等人提供

3.16：取材自 *Tellus*（Vol.9, p.419, 1957），P. Welander

3.36(p.42)：Field Enterprise，John Hart提供

3.37b：取材自 *Journal of Applied Meteorology*（Vol.9, p.419, 1957），Bierly 、
Hewson和American Meteorological Society提供

3.43：取材自 *Physics of Lightning*，D. J. Malan

3.59：取材自Horizon Industries

3.65：取材自 *Journal of Acoustical Society of American*（Vol.24, p.682, 1952），

　　　N. J. Holter 、W. R. Glassock

3.66：E. Taylor 改繪自 F. I. Boley

3.77：取材自 *American Journal of Physics*（Vol. 31, p. 289, 1963），

　　　I. Finnie 、R. L. Curl

3.87：取自 *The Amateur Scientist*，C. L. Stong 提供

3.88：取材自 *Science*（Vol. 152, p. 387, 1966），J. H. Wiersma

4.61：取材自 *Journal of Acoustical Society of American*（Vol.26, p.18, 1954）

4.72：取自 *American Scientist*（Vol.64, p.414, 1973），M. Konishi 提供

中文版附圖，江儀玲 繪：

3.2, 3.10, 3.24, 3.40, 3.42, 3.44, 3.47, 3.51, 3.63, 3.71, 3.92, 4.9, 4.40, 4.49, 4.70

索引

十一劃

物理
馬戲團 閱│讀│筆│記

物理
馬戲團 閱｜讀｜筆｜記

國家圖書館出版品預行編目資料

物理馬戲團Q&A. 2, 讓你熱力驚人的熱學、聲學題庫 / 沃克
（Jearl Walker）著；葉偉文譯. -- 第二版. -- 臺北市：遠見
天下文化, 2009.06
面；公分. --（科學天地；16A）
含索引
譯自：The flying circus of physics with answers
ISBN 978-986-216-345-0（平裝）

1. 物理學　　2. 熱學　　3. 聲學　　4. 問題集

330.22　　　　　　　　　　　　　　98008480

閱讀天下文化，傳播進步觀念。

- 書店通路 — 歡迎至各大書店・網路書店選購天下文化叢書。

- 團體訂購 — 企業機關、學校團體訂購書籍，另享優惠或特製版本服務。
  請洽讀者服務專線02-2662-0012 或 02-2517-3688 * 904 由專人為您服務。

- 讀家官網 — 天下文化書坊
  天下文化書坊網站，提供最新出版書籍介紹、作者訪談、講堂活動、書摘簡報及精彩影音
  剪輯等，最即時、最完整的書籍資訊服務。
  www.bookzone.com.tw

- 閱讀社群 — 天下遠見讀書俱樂部
  全國首創最大 VIP 閱讀社群，由主編為您精選推薦書籍，可參加新書導讀及多元演講活
  動，並提供優先選領書籍特殊版或作者簽名版服務。
  RS.bookzone.com.tw

- 專屬書店 —「93巷・人文空間」
  文人匯聚的新地標，在商業大樓林立中，獨樹一格空間，提供閱讀、餐飲、課程講座、
  場地出租等服務。
  地址：台北市松江路93巷2號1樓　　電話：02-2509-5085
  CAFE.bookzone.com.tw

科學天地 16A

物理馬戲團❷ Q&A
讓你熱力驚人的熱學、聲學題庫

原　　　著／沃　克
譯　　　者／葉偉文
顧　問　群／林　和、牟中原、李國偉、周成功
科學館總監／林榮崧
責任編輯／王季蘭
封面設計暨美術編輯／江儀玲

出　版　者／遠見天下文化出版股份有限公司
創　辦　人／高希均、王力行
遠見・天下文化事業群 董事長／高希均
事業群發行人／CEO／王力行
出版事業部總編輯／王力行
版權部協理／張紫蘭
法律顧問／理律法律事務所陳長文律師　　著作權顧問／魏啟翔律師
社　　　址／台北市104松江路93巷1號2樓
讀者服務專線／（02）2662-0012　傳真／（02）2662-0007；2662-0009
電子信箱／cwpc@cwgv.com.tw
直接郵撥帳號／1326703-6號　遠見天下文化出版股份有限公司

電腦排版／東豪印刷事業有限公司
製 版 廠／東豪印刷事業有限公司
印 刷 廠／祥峰印刷事業有限公司
裝 訂 廠／政春裝訂實業有限公司
登 記 證／局版台業字第2517號
總 經 銷／大和書報圖書股份有限公司　電話／（02）8990-2588
出版日期／2000年5月25日第一版
　　　　　2017年1月5日第二版第4次印行

定　　　價／250元
書　　　號／WS016A
原著書名／The Flying Circus of Physics with Answers
Copyright ©1977 by John Wiley & Sons, Inc.
Complex Chinese Edition Copyright © 2000, 2009 by Commonwealth Publishing Co., Ltd.,
a member of Commonwealth Publishing Group
Published by arrangement with John Wiley & Sons, Inc.
Authorized translation from the English language edition published by John Wiley & Sons, Inc.
ALL RIGHTS RESERVED
ISBN: 978-986-216-345-0　　（英文版ISBN: 0-471-02984-x）

※ 本書如有缺頁、破損、裝訂錯誤，請寄回本公司調換。

Believe in Reading